ポストコロナの **インフラ**

DX

戦略 Digital Transformation

可児 滋

はじめに

　新型コロナが世界中で猛威を振るう中で、それによる経済への打撃の深刻化が懸念されています。これに対して、主要国を中心にインフラ整備への大型投資により経済を復興させようとする動きがみられています。

　たとえば、英国ジョンソン首相は、政府の役割は、単に新型コロナに打ち勝つだけではなく、この危機を、過去30年間、なおざりにして取り組んでこなかったインフラ改革に向けた戦略を推進するチャンスにすることだ、としています。

　また、米国のバイデン新大統領は、現下の新型コロナとそれが経済活動に与える深刻な影響、それに気候変動を勘案すると、コロナ前の状態に戻すのではなく、先進技術を活用したサステイナブルなインフラの構築とクリーンエネルギーの未来を指向するという国家目標に向かって努力する必要がある、としています。

　翻って日本では、高度経済成長期に集中的に整備された多くのインフラが急速に老朽化してきている状況にあって、インフラの更新、維持管理をどのように円滑に実施するかといった重大な課題に直面しています。

　また、気候変動により頻発、激甚化が想定される洪水、土砂災害や、南海トラフ地震や首都直下地震といった巨大地震、津波、噴火等の大規模災害の発生に備えて、インフラの強化により被害を最小限に抑えて、国民生活や社会経済活動の前提となる安全、安心を確保することが一段と重要となっています。

　さらに、高齢化が進行する中で、医療、介護、福祉等、ソフト、ハード両面でのインフラの拡充ニーズが強まる一方、少子化の進行の中で従来型のインフラの在り方を考え直す必要も生じています。

　冒頭、述べた英米のインフラ投資拡大政策に掲げられているスローガンは、BBB（Build Back Better、より良い復興）です。すなわち、インフラ更新といっても単に元の姿に戻すのではなく、ITを駆使したインフラのトランスフォーメーションを指向することが重要となります。

　こうしたインフラのトランスフォーメーションには、最新のテクノロジー

が不可欠となります。実際のところ、インフラの維持管理や防災、減災にあたっては、AIやIoT、ロボット、ドローン、クラウド等、さまざまなテクノロジーが活用されており、インフラDX(デジタルトランスフォーメーション)戦略が進行しています。

　また、新型コロナの感染拡大を契機とするテレワークの普及等により働き方が大きく変貌しつつある中で、都市インフラの在り方もこうした展望を踏まえて再検討する必要があります。

　そして、インフラの整備では、なんといってもそのファイナンスをどのようにするかが大きな課題となります。新型コロナ対策で、日本の財政事情は一段と悪化しています。こうした厳しい財政制約のもとでそのファイナンスをすべて財政資金に依存することは土台、無理です。したがって、どのように民間資金をインフラファイナンスとして活用していくか、また、それと同時にノウハウ、テクノロジーといった民間の活力を活用していくかが、重要なポイントとなります。

　本書では、日本のインフラの現状と課題を概観した後に、インフラDX戦略とそれを実践するバックボーンとなる各種テクノロジー、そして、インフラ整備に必要となるファイナンスについて記述しました。

　本書の出版にあたっては、日本橋出版株式会社の大島拓哉社長に大変お世話になりました。紙上をお借りして厚くお礼を申し上げます。

　本書が、日本の抱える大きな課題であるインフラの維持、整備について読者の皆様の理解の一助になれば幸甚です。

2021年3月　可児 滋

3

目次

コラム

BBB；Build Back Better

① 新型コロナと Build Back Better

　Build Back Better（より良い復興）は、1995年阪神・淡路大震災に際して兵庫県により提唱されたコンセプトで、災害後の生活、経済、環境の各面の復興において、次の災害発生に備えて災害リスクを削減する諸対策を合わせて講じることにより、災害前の状態よりも、よりレジリエントで、より良い社会、地域を形成する取り組みを意味します。

　そして、このBuild Back Betterは、2015年に仙台で開催された国連防災世界会議において採択された仙台宣言（仙台防災枠組文書）のなかで示され、防災の世界で用いられる国際的なコンセプトとなっています[1]。

　このように、Building Back Betterは、震災等の自然災害による損害からの復興のコンテキストで使用されたスローガンですが、世界を襲った新型コロナウイルスは、震災等でみられるような物理的な被害ではないものの、被害の規模は甚大であり、また、それからの復興政策は従前に比して、より持続的、レジリエントな経済を目指す機会である、という点で共通するものがあります。

　こうしたことから、新型コロナ危機からの経済復興に、このBuild Back Better戦略を軸とする政策を強力に推進することを提唱するケースがみられています。

② 新型コロナからの復興政策

　新型コロナによる経済危機は、2008年のリーマンショックのような金融市

場の問題ではなく、1930年代の大恐慌のような実体経済における需要不足を主因としています。

　インフラは経済の背骨であり、さまざまな困難に耐えて持続性のある経済成長を達成するためには、強靭なインフラの構築が前提条件となります[2]。

　こうしたことから、いまこそ、先行きの成長の糧になる長期的視点に立った投資を行うチャンスであり、特に必要性が強く唱えられてきたにもかかわらず後回しになっているインフラの維持管理や防災、減災を目的とするインフラのための投資を行うことが成長の基礎固めをして民間投資の呼び水になるとして、インフラ革命を政策の大きな柱に打ち出す動きが台頭しています。

　このように、新型コロナが、老朽化するインフラの維持管理をどうするか、また、頻発する災害へ対応するためにインフラをいかに強化するか、というかねてから課題のソリューションを大きく後押しする好機になるという捉え方が主要国を中心に強まっています。

（1）英国ジョンソン首相の英国版ニューディール戦略

　英国のジョンソン首相は、2020年6月に全英の国民向けに行った政策スピーチのなかで次のようにBuild Back Better戦略を強力に推進する、と言明しています[3]。

　「世界中でまだ新型コロナの感染が広がっており、また国内でも多くの人々が感染爆発を懸念している状況にあって、ポストコロナについて話すのはいささか早計かもしれない。

　しかし、この危機が通り過ぎるのをずっと待ち続けているわけにはいかない。新型コロナがわれわれに教えてくれたことがあるとすれば、それは将来に向けて、短期的、中期的、長期的に何をすべきかを考え、計画して実行することだ。

　経済活動は大幅に落ち込み、人々は雇用不安に陥っている。われわれは早急に復興に向けた検討に入る必要がある。

　新型コロナがもたらしたこの危機は、われわれが将来に向かって物事を大幅に変革する大胆な政策を打ち出す機会でもある。

　われわれは、英国の「インフラ革命」を目指して、Build Back Better戦略、

Build Back Greener戦略を、まさしくこの時期が求める迅速さでもって大胆に推進するために最大限の努力をしなければならない（build back bolder and faster）。

　いまやるべきことは、build, build, buildであり、将来の繁栄のための地固めをしなければならない。

　これは、ルーズベルトのニューディール政策のように聞こえるかもしれない。もし、そう聞こえるのであれば、私はまさにそのことを言っているのであり、かつ、これは単なるニューディール政策ではなく、危機において政府が強い決断力で英国民を抱きかかえ、支えるフェアディール政策なのだ。

　政府の役割は、単に新型コロナに打ち勝つだけではなく、この危機を過去30年間、なおざりにして取り組んでこなかったインフラや雇用の改革に向けた戦略を強力に推進するチャンスにすることだ。

　われわれが目指すべきは、単に元の姿に戻すのではなく前進することだ。そして、英国中がくまなく、以前にも増して、より逞しく、より良く、より絆を強くすることだ」。

　このスピーチの中で、ジョンソン英首相は、新型コロナの感染拡大で打撃を受けた英経済を立て直すために、病院や学校、道路、鉄道、空港、港湾、橋梁等へのインフラ投資を加速させるとともに、自然インフラの保護のために植樹を行って森林を保護、復活させ、また、自然保護官の育成、増員を行う等の環境保全策を講じることにより、「よりグリーンな、より美しい英国の構築戦略」（build back greener and build a more beautiful Britain）を推進する政策を発表しました。

　また、Build Back Better政策を推進するために、ジョンソン首相とスナク財務大臣が共同議長となり、関係閣僚と、全英の小売業、病院、金融機関、サイエンス・テクノロジー関連会社を含む各産業界の代表30名から構成される「Build Back Better ビジネス評議会」を創設して、官民一体となってBBB戦略を議論しています[4]。

　この委員会でジョンソン首相は、目先きは新型コロナ対応に全力を挙げる一方、それが終息したら即座に新型コロナの影響で落ち込んでいる経済の復興政策に取り掛かるために、build back better, fairer, greener, and fasterを実

現することを主眼としたインフラの向上とグリーン産業革命を推進する必要性を強調しています。

　そして、官民の間で忌憚のない議論を行い、英国経済の再生を図るための正道を歩んでいきたい、としています。

　また、スナク財務大臣は、ポストコロナにおける英国経済復興は、生産性を高めるインフラ投資、格差解消を実現するスキルへの投資、新たな商品・サービスを生み出すイノベーションへの投資の3つの柱から構成される、としています。

（2）米国のBBB戦略

　トランプ前大統領は、2016年の選挙期間中から米国内の道路、橋梁、港湾、空港等に対して1兆ドルの大型投資を実施することを公約しました。しかし、その後、資金調達面が難関となり公約通りの進捗からほど遠い状況となっていましたが、今回の新型コロナ対策として、再び大規模なインフラ投資の実施を掲げました。

　すなわち、コロナ危機からの経済復興にあたって、老朽化したインフラを再建して、経済成長を加速させ、生産性を向上させる絶好のチャンスであるとして、道路、運輸、水道、電力、通信等のインフラ投資を推進するAmerica's Infrastructure First政策を主唱しました。

　また、米国のNPOであるCeresが主催して2020年5月に開催されたイベント、LEAD on Climateでは、300を超える全米の企業が、新型コロナからの経済復興においてBuild Back Betterを中心軸とした政策を遂行するよう米国議会に求める声明を発表しました[5]。

　具体的には、新型コロナからの復興にあたっては長期的な気候変動対策につながる施策の導入に取り組むことを要請しています。声明はこうした要請の1つとして、将来発生する気候変動を含むさまざまな脅威に備えて強靭なインフラへの投資をあげています。

　一方、バイデン新大統領は、政策の1つの柱にBuild Back Betterを掲げています。バイデン大統領は、単なるbuild backではなく、Build Back Betterでなければならない、として、トランプのAmerica's Infrastructure First政策

に対して、Build Back Better政策を主唱しています。

　すなわち、バイデン大統領は、新型コロナとそれが経済活動に与える深刻な影響、それに気候変動を勘案すると、コロナ前の状態に戻すのではなく、Build Back Betterにより、最新でサステイナブルなインフラの構築とクリーンエネルギーを指向する中から雇用を創出する、という国家目標に向かって努力する必要がある、としています。そして、1.9兆ドルに上るインフラ投資プロジェクトにより、目標達成を加速させる方針です。

　バイデン大統領は、いまやインフラ云々と議論している段階ではなく、インフラ構築を実行に移すべき時だ、と言明しています。そして、早急に取り組む国家の課題として次の4本の柱から構成される社会と経済の活性化策を掲げており、その1つが道路、橋梁、学校等、持続可能なインフラを構築することを内容としています[6]。

①米国の産業を強化するために米国の製造業、イノベーションを活性化させる。

②先進のインフラとクリーンエネルギーを構築する。

③共稼ぎの夫婦、特に女性の負担軽減のために支援をする。

④人種平等を推進する。

　このうち、②のインフラとクリーンエネルギーについては、道路、橋、港湾、上下水道網、電力網、学校、5Gの整備を中心に、成長のエンジンとしてのサステイナブルなインフラの構築とクリーンエネルギーエコノミーの達成、それに伴う雇用の創出により、レジリエントな経済成長を指向しています。

　バイデン大統領は、インフラについて特に次の諸点を強調しています。

i　交通運輸関係で使用するエネルギーには電力等を活用して排出ガスの削減に注力する。

ii　インフラ建設に使用する鉄鋼やセメント等についてもCO_2の排出を削減したクリーンな素材を使用する。

iii　歩行者や自転車、電動スクーター等のマイクロ移動手段の利用者が快適に移動できるように、街路等の整備を推進する。

iv　テレワークやリモートスクールが一段と普及することが予想される状況下、米国人が誰でもどこからでも安いコストでアクセスすることができ

る高スピードで信頼度の高いインターネットの普及をはじめとするスマートインフラを促進する。
v 所得や居住場所によりデジタルテクノロジーの恩恵を享受できる度合いが異なるデジタル格差を解消する。

（3）IMFによるインフラ投資の促進勧奨

IMF（国際通貨基金）は、2020 Fiscal Monitorのなかで、新型コロナの影響により世界経済は大幅な落ち込みになると予想し、この機会に優先して公共インフラの整備に向けたプロジェクト投資を促進すべきであると、次のように主張しています[7]。

①インフラ投資は、パンデミック如何にかかわらず必要であるが、長期に亘る低金利のファイナンス環境は、落ち込んだ経済を回復させることを指向した公共インフラ整備に取り組む好機である。

②このことは、先進国でも開発途上国でも同様に言えることであり、先進国では老朽化したインフラの維持管理に向けて、また、開発途上国では持続的な経済発展のための新たなインフラの構築に向けて、早急に投資プランの策定に取り掛かる必要がある。

③これまでの景気後退期における財政出動は遅きに失したケースが少なくなく、こうした轍を踏むことなくプロジェクトの策定を迅速に行い、これを機動的に実行できるようにしなければならない。

（4）OECDによるBBB勧奨

OECD（経済協力開発機構）は、次のように "Building Back Better" こそが、ポストコロナの経済復興の鍵であり、かつレジリエントな経済構築の鍵である、としています[8]。

①コロナ危機からの経済復興は、持続性のあるレジリエントな復興を指向すべきであり、business as usual への回復や環境破壊を惹起するような投資は、持続的な経済成長に資するものではなく避けるべきである。

②気候変動や生態多様性の喪失といった世界的な環境の変化が社会生活や経済活動に及ぼす悪影響は、コロナの影響よりもはるかに大きなものとなる

恐れがある。

③こうした事態を回避するために、経済復興政策は、Build Back Betterを基本に策定すべきである。それは、経済復興を迅速に行うだけではなく、先行き災害が発生するショックがあっても社会のレジリエンスを強力にして、持続的、長期的な経済成長政策を推進することを意味する。

④また、Build Back Betterは気候変動へのレジリエンスを強化するための排気ガス抑制等の環境保護策を含む取り組みである。たとえば、テレワーキングの促進により車の排気ガスが減少し、さらには交通インフラの需要の動向を見直す等、新規インフラの計画にあたっては、その耐用期間中、気候変動への影響リスクの評価を行うことが必要となる。

（5）日本のBBB戦略

翻って、日本におけるインフラ老朽化や災害対応のインフラ政策についても、単に元に戻すのではなく、より安全に、より効率的に、そして、よりグリーンにするBuild Back Better戦略が求められるところです。

2020年12月、政府は、防災・減災、国土強靱化のための5か年加速化対策を閣議決定しました。この対策では、気象災害の激甚化・頻発化、インフラ老朽化の進行の状況下、防災・減災、国土強靱化の取り組みの加速化・深化を図る必要があり、また、国土強靱化の施策を効率的に進めるためにはデジタル技術の活用が不可欠である、としています。

そして、激甚化する風水害や切迫する大規模地震等への対策、予防保全型インフラメンテナンスへの転換に向けた老朽化対策の加速、国土強靱化に関する施策を効率的に進めるためのデジタル化の推進について、さらなる加速化・深化を図ることとし、2021～2025年度までの5か年に追加的に必要となる事業規模等を定め、重点的・集中的に対策を講ずる、としています。

こうした対策の具体例としては、流域治水対策（河川、下水道、砂防、海岸、農業水利施設の整備、水田の貯留機能向上、国有地を活用した遊水地・貯留施設の整備加速）、河川管理施設・道路・港湾・鉄道・空港の老朽化対策、連携型インフラデータプラットフォームの構築等のインフラ維持管理に関する対策と、スパコン等のITを活用した防災・減災対策があります。

　以下では、日本におけるインフラが抱える諸問題とインフラを巡る施策において、いかに各種ITを活用して革新的なインフラDXを実現する取り組みが行われているか、を中心に記述することとします。

第1章

インフラの現状と問題点

① インフラの種類

　インフラ（infrastructure、インフラストラクチャー）は、社会生活や経済活動が円滑に機能するための基盤となる施設と、その維持、運用の総称です。

　インフラは極めて広範に亘る概念であり、図表1のようにさまざまな切り口で分類することができます。

【図表1】インフラの分類

種　類	内　容	具体例、特徴
ハードインフラ	施設自体（ストック）	物理的な設備
ソフトインフラ	施設の維持・運用（フロー）	ハードインフラのマネジメント
社会インフラ	日常生活を支える諸施設	学校、病院・介護施設
経済インフラ	経済活動を支える運輸・エネルギー・通信施設	鉄道、道路、空港、港湾、発電所、情報通信インフラ
公共インフラ	公共部門が運営主体	多くのインフラが公共インフラに属する。もっとも民間に運営をシフトするケースがある。
民間インフラ	民間部門が運営主体	経済インフラの一部
グリーンフィールド	これから開発、建設するインフラ	完工リスク、完工時の価格下落リスク等が存在する。
ブラウンフィールド	既設の稼働、運営中のインフラ	運営リスク、利用料変動リスク等が存在する。

（出所）筆者作成

　国民生活や社会経済活動はインフラにより支えられています。このような重要な機能を担うインフラが、現在、インフラの老朽化、頻発する大規模災害、急激な少子高齢化の進展に伴う課題を抱えています。

　本章では、こうした課題の主要な内容をみることにします。

② 多発する大規模自然災害

　World Economic Forum が2020年に公表したレポートによれば、今後10年間における発生の可能性の高いリスクは、1位　異常気象、2位　気候変動対策の失敗、3位　自然災害、4位　生物多様性の喪失、5位　人為的な環境災害、というように気候ないし環境関連の問題が上位5位のすべてを占めています[1]。

　実際のところ、日本は、地震、津波、暴風、豪雨、地すべり、洪水、高潮、火山噴火、豪雪等、多種多様な自然災害が多発する自然環境にあります。そして、災害リスクの高い35％の地域に人口の70％以上が集中しており、災害に対して極めて脆弱な構造となっています。

　特に、このところ、各地で線状降水帯が形成されて集中豪雨を引き起こす等、雨の降り方が局地化、集中化しており、今後とも、地球温暖化に伴う気候変動により水害・土砂災害等の頻発、激甚化が想定されます。

　また、日本は、世界の大規模地震の約2割が発生する世界有数の地震国です。南海トラフ地震や首都直下地震といった巨大地震と津波、それに大規模噴火が大きな脅威となっています。

　このような気候変動等による巨大災害の発生に備えて、インフラの強化によって被害を最小限に抑えて国民生活や社会経済活動の前提となる安全、安心を確保する、という社会資本整備が果たす最も基本的な役割が一段と重要となっています。

（1）異常気象

　災害を発生させる要因として、異常気象があります。

　気象庁では、気温や降水量などの異常を判断する場合、原則として「ある

場所（地域）・ある時期（週・月・季節）において 30 年間に 1 回以下の頻度で発生する現象」を異常気象としています。

　したがって、異常気象は、場所が違うと、もっと頻繁に起きていることになります。異常気象には、大雨や強風等、短時間の現象から、数か月間続く干ばつ、冷夏等の現象があります。

　30 年間に 1 回以下の頻度、という 30 年という期間を取った理由は、人生 50 年とされた時代の名残りで、その時代では 30 年間という期間は、ある人が一定の場所で一生を過ごすほどの期間であり、したがって一生のうちに 1 回経験するかどうかというような稀な現象だ、ということで 30 年とされた、といわれています[2]。

　また、異常気象に似た用語に「極端現象」（extreme event）があります。極端現象は、気候変動に関する政府間パネル（IPCC）の評価報告書で記述されている用語で、異常気象と同様の現象を指しますが、異常気象が 30 年に 1 回以下発生する現象であるのに対し、極端現象は日降水量 100mm の大雨等、もっと頻繁に起こる現象までを含んだ概念です[3]。

（2）異常気象の発生状況は？

　以下ではまず、世界の異常気象の発生状況を概観したあと、日本の異常気象についてみることにします。

❶ 世界の異常気象

　気象庁は、世界各地の異常気象、気象災害に関する情報を、週ごとに速報として発表しているほか、月、季節、年毎にとりまとめて発表しています。

　2019 年に発生した世界の異常気象の種類と、発生期間、地域をみると、図表 2 のとおりです。この図表から、異常気象としては高温や大雨が最も頻繁に発生している一方、低温や干ばつの発生がなかったことが分かります。

【図表2】世界の異常気象（2019年）

種　類	地域と発生した期間
大雨	中国東部〜タイ北部（6〜8月） インドネシア東部（3月） 南アジア及びその周辺（7〜10月） 中東北部〜インド（3〜4月） 東アフリカ北部〜西部（10〜12月）
多雨	スペイン及びその周辺（4、8〜9、11月） 米国中西部〜南東部（2、4〜5、9〜10月） アルゼンチン北東部及びその周辺（1、3、6月）
少雨	カナダ南西部（3、5、11月） マレー半島中部〜ジャワ島（6〜7、9〜11月） ヨーロッパ東部〜中部（2、4、6〜8月）
熱波	ヨーロッパ北部〜中部（6〜7月）
高温	東アジア北東部及びその周辺（1、3、5、9〜10月） 中央シベリア北部〜中部（2〜3、6〜8月） 東アジア南部〜東南アジア中部（1〜2、4〜11月） インド南部〜スリランカ（2〜7、11〜12月） アラビア半島（1、5〜6、9〜10月） ヨーロッパ南部及びその周辺（6〜12月） 西アフリカ西部〜中部アフリカ西部（7〜9、11〜12月） モーリシャス〜南アフリカ（1〜12月） アラスカ及びその周辺（2〜3、6〜7、9月） 米国東部〜南米北西部（2、5〜12月） ブラジル及びその周辺（1〜2、5〜6、8〜12月） オーストラリア（1、3、7、9〜12月）
台風 サイクロン ハリケーン	北日本太平洋側〜東日本太平洋側（9〜10月） 東アフリカ南部（3〜4月） 米国東部〜バハマ（9月）

（出所）気象庁「世界の異常気象2019」を基に筆者作成

❷ 日本の異常気象

　日本の異常気象について、2004年から最近までの発生状況をみると、図表3のとおりです。この図表から異常気象としては、大雨（豪雨等を含む）や高温が最も頻繁に発生していることが分かります。

【図表3】日本の異常気象

発生年月	種　類	地　域
2020.7	大雨（令和2年7月豪雨）	東・西日本
	日照不足	東北、東・西日本
2020.冬	高温	全国
2019.12	高温	東・西日本
	小雪	日本海側
2018. 7	大雨（平成30年7月豪雨）	西日本〜東海
	高温	東・西日本
2018. 1	低温	東・西日本
2017.12	低温	全国
2017.8	日照不足、低温	北日本太平洋側
	日照不足	東日本太平洋側
	高温	沖縄、奄美
2016.8	多雨	北日本
	高温、少雨	西日本
2015.8〜9	多雨、日照不足	西日本〜東北
2014.8	多雨、日照不足	西日本
2014.7〜8	大雨（平成26年豪雨）	各地
2013.夏	高温	西日本
	多雨	東北
	少雨	東・西日本の太平洋側と沖縄・奄美
2012.8〜9	高温	北・東日本
2011.12〜2012.2	低温	北・西日本
	大雪	北・西日本太平洋側
2010.6〜8	高温	日本の平均気温（都市化の影響の少ない17地点の平均）
2010.3〜4	日照不足、気温変動大	日本列島
2009.7	多雨 日照不足 梅雨明け遅れ	北日本 日本海側 九州北部地方から東海地方

2008.7〜9	大雨（平成20年8月末豪雨）	局地的
2008.7	高温、少雨	西日本
2006.7	大雨	本州、九州
2005.12	低温	全国
	大雪	日本海側
2004.夏〜秋	集中豪雨、台風	各地

（出所）気象庁「日本の異常気象」を基に筆者作成

❸ 異常気象リスクマップ

　気象庁は、地球温暖化に伴う異常気象の増加が懸念されるなかで、大雨や高温の発生頻度等に関する詳細な情報を求めるニーズの高まりに応えて、2006年度から全国各地における極端な現象の発生頻度や長期変化傾向に関する情報を図表形式で示した「異常気象リスクマップ」を提供しています。

　気象庁では前述のとおり、原則として、ある場所・ある時期において30年間に1回以下の頻度で発生する現象を異常気象と定義しています。しかし、たとえば30年に1回以上起こる現象でも社会経済に大きな影響を与えるケースがあることから、毎年起こるような現象まで含めて、大雨や高温などの頻度、強度がどのように変化するかを監視する必要があり、したがって異常気象リスクマップは、30年に1回という基準に限定することなく、社会的影響が大きいとみられる極端現象も対象としています。

　異常気象リスクマップでは、全国51地点の日降水量データのほか、全国約1,300地点（17km間隔）のアメダスのデータも活用して、図表4のようなデータを公表しています。

【図表4】異常気象リスクマップのデータ

データの種類	内　容
確率降水量　地点別一覧表（51地点）	気象台や測候所等の約100年分の日降水量データをもとに推定した全国51地点の確率降水量の地点別一覧表
確率降水量　全国図（アメダス）	アメダスの20～30年分の1時間または24時間降水量データをもとに推定した、全国約1,300地点の確率降水量の、全国図、地域別図、地点別一覧表
日降水量100ミリ以上の日数　全国図（アメダス）	アメダス地点の日降水量100mm以上の年間・月間日数の平年値（1979～2000年統計）の全国図、地域別図、地点別一覧表
10年に1回の少雨　全国図（アメダス）	アメダス地点の年降水量・月降水量の「かなり少ない」の階級区分値（出現率10％の少雨）の平年値（1979～2000年統計）の全国図、地域別図、地点別一覧表

(出所)気象庁「異常気象リスクマップ」をもとに筆者作成

（3）地球温暖化と猛暑、大雨

　異常気象の発生は、大気や海の不規則な変動に起因します。そして、特に猛暑や大雨といった異常気象の発生には、地球温暖化が影響しているとみられています。

　すなわち、地球温暖化により猛暑となる頻度が増加し、また地球の平均気温が傾向的に上昇することから大気中の水蒸気が増えることによって、大雨となる頻度が増加します。

　地球温暖化は、この他にもさまざまな面でさまざまな影響を及ぼしていて、今後、地球温暖化が進行すれば、災害をもたらす大雨や極端な高温等がさらに増加することが懸念されます。

❶ 地球温暖化と猛暑

　2019年の日本の年平均気温は、統計を開始した1898年以降、最も高い値となりました。

　また、2020年冬（2019.12～2020.2）は、全国の気象台等153地点のうち111

地点で高温の記録を更新する等、日本で統計開始以降、最も気温の高い記録的な暖冬となりました。

　気象庁では、偏西風が北に蛇行し続けたことや、正の北極振動（北極の海面気圧が平年より低く、中緯度の海面気圧が平年よりも高くなる現象）が持続したことにより冬型の気圧配置となる日が少なくなり、日本付近への寒気の流入が弱くなったことに加えて、地球温暖化の影響が重なって、記録的な暖冬になったとしています。

　また、世界でもヨーロッパ、ロシア、北米南東部など、広い範囲で高温となりました。世界気象機関（WMO）によると、2015～2019年は、1850年の統計開始以降で最も高温の５年間でした。

i　地球温暖化の実態

　都市化の影響が比較的小さいとみられる気象庁の15観測地点で観測された年平均気温は、1898年から2019年の間に100年当たり1.24℃の割合で上昇しており、特に気温が顕著な高温を記録した年は、1990年代以降に集中しています[4]。

　また、世界的にみても年平均気温は上昇しており、上昇率は100年あたり0.74℃となっています。

　これらの要因には、二酸化炭素などの温室効果ガスの増加に伴う地球温暖化等が影響しています。また、その中には、2018年秋から2019年春まで続いたエルニーニョ現象が含まれます（エルニーニョ現象についてはコラム参照）。

　温室効果ガスは、地表から放射される赤外線を吸収します。したがって、地表から放射された赤外線の多くが温室効果ガスに吸収され、その後再び地球へ向けて放射されることから、地表は太陽から受けるエネルギーよりもさらに多くのエネルギーを受けることになる、という温室効果が現れることになります。

　温室効果ガスにはさまざまな種類がありますが、二酸化炭素の温暖化への寄与率が7割強、メタンが1割強、亜酸化窒素が5%強とみられています。

　このように、人間活動に起因した最も重大な温室効果ガスが二酸化炭素で

す。二酸化炭素濃度上昇の主要な原因は、化石燃料の使用です。すなわち、化石燃料の燃焼に伴い大気中に温室効果ガスが増加することによって、地球から赤外線が逃げにくくなり、地球温暖化現象が発生します。

【図表5】年平均気温の変化（日本1898〜2019、世界1891〜2019）

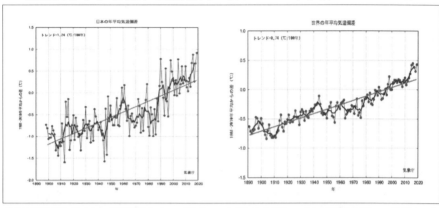

(注)細線は各年の基準値からの偏差。太線は偏差の5年移動平均、直線は変化傾向。基準値は1981〜2010年の30年平均値。
(出所)気象庁「気候変動監視レポート2019」2020. 7

コラム　エルニーニョ・ラニーニャ現象

　エルニーニョ（El Niño）は、太平洋赤道域の日付変更線付近から南米沿岸にかけてのペルー沖の海面水温が平年より0.5℃以上高い状態が、6か月以上継続する現象をいいます。

　エルニーニョ現象が発生すると海面の水温が上昇して暖かい水域が東に広がり赤道付近の地上気圧も東に移動します。このように、エルニーニョ現象に対応して熱帯域における大気の循環（ウォーカー循環）も変動し、これらを合わせた一連の変動をエルニーニョ南方振動（ENSO）といいます。ENSOの影響は、大気の変動を介して全球に及びます。

　一方、ラニーニャ（La Niña）は、エルニーニョの反対で、海面水温が平年

より0.5℃以上低い状態が6か月以上継続する現象をいいます。ラニーニャは、エルニーニョほどではありませんが、やはり一旦発生すると世界中に異常気象が発生します。

　エルニーニョ現象やラニーニャ現象は、異常な天候の要因となります。すなわち、エルニーニョ現象が発生すると、西太平洋熱帯域の海面水温が低下してその地域における積乱雲の活動が通常より不活発となります。

　このため日本付近では、夏季は太平洋高気圧の張り出しが弱くなり、気温が低く、日照時間が少なくなる傾向があります。また、西日本の日本海側では降水量が多くなる傾向があります。冬季は、西高東低の気圧配置が弱まり、気温が高くなる傾向があります。

　一方、ラニーニャ現象が発生すると、西太平洋熱帯域の海面水温が上昇し、西太平洋熱帯域で積乱雲の活動が活発となります。

　このため日本付近では、夏季は太平洋高気圧が北に張り出しやすくなり、気温が高くなる傾向があります。また、沖縄・奄美では南から湿った気流の影響を受けやすくなり、降水量が多くなる傾向があります。冬季は、西高東低の気圧配置が強まり、気温が低くなる傾向があります。

　気象庁は、エルニーニョ現象等、熱帯域の海洋変動を監視するとともに、それらの実況と見通しに関する情報を「エルニーニョ監視速報」として毎月10日頃に発表しています。

　なお、気象庁の定義では、+0.5℃以上（-0.5℃以下）の状態が6か月以上持続した場合にエルニーニョ（ラニーニャ）現象の発生としていますが、エルニーニョ監視速報においては速報性を損なわないように、原則として1か月でも+0.5℃以上（-0.5℃以下）の状態となった場合にエルニーニョ（ラニーニャ）現象が発生した、と表現しています。

　また、気象庁では、2009年から日本の天候との明瞭な関係がみられる西太平洋熱帯域およびインド洋熱帯域に関する情報を付け加えるとともに、2016年からエルニーニョ・ラニーニャ現象の見通しが分かりやすいように、エルニーニョ・ラニーニャ現象の発生・持続・終息の可能性について、10%単位の確率予測を用いて表現しています。

iii　ヒートアイランド現象

　気象庁では、長期間に亘り均質なデータを確保できる日本の各都市（札幌、仙台、名古屋、東京、横浜、京都、広島、大阪、福岡、鹿児島）と、都市化の影響が比較的少ないとみられる15観測地点を対象に、1927～2019年における気温の変化率を比較しています。それによると、大都市の上昇の方が大きく、地点によって差があるものの、年平均気温では都市化の影響が比較的少ないとみられる15地点平均の値を0.4～1.7℃程度上回っており、大都市では、地球温暖化の傾向に都市化の影響が加わり、気温の上昇は顕著になっているとの結果が出ています[5]。

　このように、ヒートアイランド現象は、郊外よりも都市の気温が高くなる現象をいいます。気温分布図を描くと等温線が都市を丸く取り囲んで島のような形になることからこうした名称が付されています。

　ヒートアイランド現象は、主として土地利用の変化（緑地や水面の減少）と、建築物とその高層化、それに人間活動で生じる熱の影響により起こされます。

　ヒートアイランド現象は、夏季は日中の気温の上昇や熱帯夜の増加により熱中症の被害や生活上の不快さを増大させる要因になり、また、冬季は植物の開花時期の異常や、感染症を媒介する生物が越冬可能になる等、生態系の変化も懸念されています。

　気象庁は、都市気候モデルを用いたシミュレーションを活用して、水平距離2キロメートルごとの気温や風の分布の解析を行い、その成果は、最高・最低気温や熱帯夜日数の観測値の経年変化等とともに、「ヒートアイランド監視報告」として2004年度から毎年、公表しています。

　なお、政府は、2004年にヒートアイランド対策大綱を策定し、2013年にこれを改定しています。それによると、気温が30度を超える状況の長時間化や熱帯夜日数の増加といった高温化の傾向が続いており、熱中症の多発等、人の健康への影響が顕著となっていることから、従来からの取り組みである「人工排熱の低減」、「地表面被覆の改善」、「都市形態の改善」、「ライフスタイルの改善」の4つの柱に加えて「人の健康への影響等を軽減する適応策の推進」が追加されています。

【図表6】猛暑日と熱帯夜の年間日数の経年変化

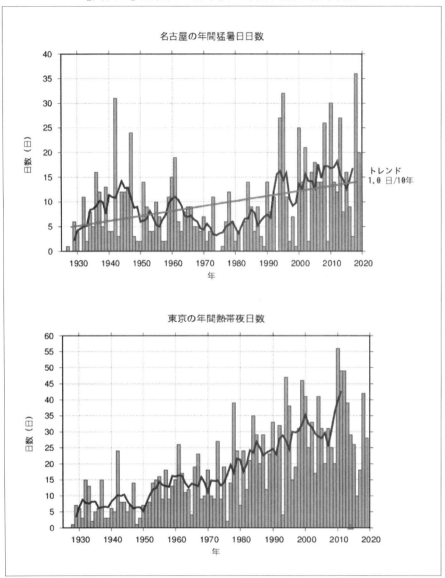

(注) 棒グラフは毎年の値、折れ線は5年移動平均値、直線は長期変化傾向。
(出所) 気象庁

❷ 大雨

i　確率降水量と大雨のリスクマップ

　異常気象リスクマップでは、稀にしか起こらないような極端な大雨の強度や頻度を示す資料として、「確率降水量」を掲載しています。

　確率降水量は、ある再現期間に1回起こると考えられる降水量です。ここで、再現期間は、ある現象が平均的に何年に1回起きるかを表した値です。

　例えば、再現期間100年の確率降水量が200mmの地点では、200mm以上の大雨が平均すると100年に1回の確率で起こりうることを意味します。これは、平均の概念ですから、200mmの大雨が必ず100年に1回降るということではなく、100年に2回以上降る場合もあれば、1回も降らない場合もあることを意味します。

　50年とか100年といった長い再現期間の確率降水量は、防災計画や河川計画などを策定する場合の背景となる気候情報となります。

　大雨のリスクマップは、図表7のような内容となっています。

【図表7】大雨のリスクマップ

リスク	状　況
日降水量100mm以上および200mm以上の年間日数	最近30年間（1977〜2006年）と20世紀初頭の30年間（1901〜1930年）を比較すると100mm以上日数は約1.2倍、200mm以上日数は約1.4倍の出現頻度。こうした長期的な大雨日数の増加に、地球温暖化が関係している可能性がある。
日降水量100mm以上の月別日数	20世紀初頭の30年（1901〜1930年）よりも最近30年（1977〜2006年）で平均した値の方が増加している月が多く、特に9月において大きく増加。
50年に1回・100年に1回の日降水量	全国51地点全体でみると、最近106年（1901〜2006年）の間において50年に1回または100年に1回の大雨の強度（雨量）が増える傾向。
日降水量100mmおよび200mmの再現期間	全国51地点全体でみると、最近106年（1901〜2006年）の間において日降水量100mmおよび200mmという大雨の頻度が増える傾向。

リスク	状　況
30年に1回の24時間降水量（アメダス地点）	30年に1回の24時間降水量を超える大雨を観測したアメダス地点の割合は、1981～1982年に多かった後に減少して1990年代後半からは再び増加。 もっとも、大雨や短時間強雨の発生回数は年ごとの変動が大きく、それに対してアメダスの観測期間はまだ30年程度しかなく、観測データを蓄積しながら大雨の頻度や強度を監視していくことが必要。

（出所）気象庁

ⅱ　平成30年7月豪雨、令和2年7月豪雨

　平成30年7月豪雨では、西日本から東海地方を中心に広い範囲で数日間に亘って大雨が続きました。これは、西日本付近に停滞した梅雨前線に向けて多量の水蒸気が流れ込み続けるとともに、局地的には線状降水帯が形成されたことによります。気象庁では、この豪雨には、地球温暖化に伴う水蒸気量の増加の寄与もあったとしています。

　また、令和2年7月豪雨では、7月前半の半月足らずで総降水量が九州を中心に年降水量平年の半分以上となるところがあるなど、西日本から東日本にわたる長期間の大雨となりました。気象庁では、特に顕著な大雨となった時期は、線状降水帯が九州で多数発生し、総降水量に対する線状降水帯による降水量の割合が平成30年7月豪雨より大きいといった特徴がみられたとしています。

ⅲ　大雨の年間日数と短時間強雨の発生回数の増加

　日本の日降水量100mm以上の大雨の年間日数および200mm以上の大雨の年間日数は、増加しています。

　気象庁の全国51の観測地点で観測された降水量のデータによれば、1901～2019年の期間、日降水量100mm以上及び200mm以上の大雨の日数は、統計期間の初めの30年間（1901～1930年）と最近の30年（1990～2019年）を比較すると、それぞれ、約1.4倍と約1.7倍に増えています。

　また、1時間程度の短い時間で局地的に発生する短時間強雨の発生頻度も

増加しています。気象庁の全国約1,300地点のアメダス観測地点で観測された降水量のデータによれば、1976年から2019年の期間、1時間降水量50mm以上及び80mm以上の短時間強雨の年間発生回数は、統計期間の初めの10年間（1976〜1985年）と最近の10年（2010〜2019年）を比較すると、それぞれ、約1.4倍と約1.7倍に増えています。

　これまでに観測されている大雨の頻度の増加や強度の増大は、気温が上がるほど空気中に含むことのできる水蒸気の量も増えるという性質を反映した地球温暖化に伴う気候の変化の一つと考えられます[6]。

　気象庁では、1日の降水量が100mmあるいは200mm以上となる大雨の年間の日数は、20世紀末（1980〜1999年平均）と比べて、21世紀末（2076〜2095年平均）には全国平均では増加すると予測しています[7]。

【図表8】アメダスで観測された降水量

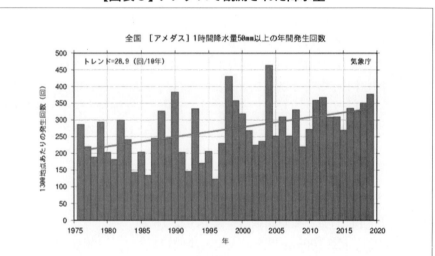

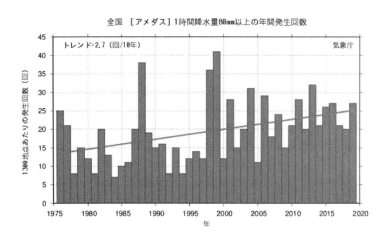

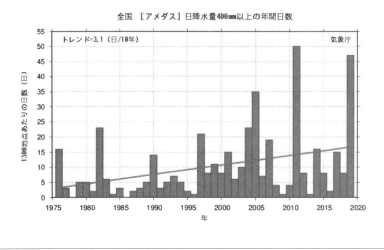

（注）棒グラフは毎年の値、折れ線は5年移動平均値、直線は長期変化傾向。
（出所）気象庁

❸ 大雪

i 2020年12月中旬以降の大雪

　2020年12月中旬以降、北日本から西日本の日本海側を中心に大雪となり、普段は雪の少ない九州などでも積雪となったところがありました[8]。この要因としては、2019年夏から続いている熱帯のラニーニャ現象等による日本付近での偏西風の蛇行があるとみられています。

　このため、福井県や新潟県における多数の車両の立ち往生や、北日本から西日本にかけて道路の通行止め、鉄道の運休、航空機・船舶の欠航等の交通障害が発生、また、秋田県や新潟県の広い範囲で停電が発生したほか、除雪作業中の事故も多数発生しました。

ii 地球温暖化と降雪、積雪

　地球温暖化に伴い、北海道の一部地域を除き降雪、積雪は減少する状況にあるとみられています。

　しかし、平均的な降雪量が減少したとしても、ごくまれに降る大雪のリスクが低下するとは限りません[9]。

　気象庁気象研究所が行った研究によると、10年に一度といった、ごくまれにしか発生しない大雪の降雪量は、むしろ増加することが予測されています。

　本州の日本海側で大雪が降るのは、強い寒気の吹き出しがあった時や、冬の季節風が大陸側で白頭山などの山を迂回したのち日本海で合流する「日本海寒帯気団収束帯」が発生した時です。

　この時、地球温暖化が進行した状況では、空気中に含まれる水蒸気の量が増え、それが日本海から大気に供給されることになります。したがって、沿岸域など気温が0℃を超えている地域では大雨が降る一方、気温が低い内陸部や山地では大雪として降ることになります。

③ 少子高齢化

　日本では、出生率の低下による若年者の人口に占める比率が低下する少子化と、高齢者の人口に占める比率が上昇する高齢化が同時進行する少子高齢

化が強まる中で、総人口が減少傾向を辿っています。

　こうした人口減少・少子高齢化は2040年までにかけて一貫して進展し、2065年までの年齢構造変化の大半は2040年までに起こるとみられています[10]。

　このような日本が直面する少子高齢化は、インフラによるサービスの維持、向上をいかに達成するかといった大きな課題を提示しています。

(1) 少子化[11]

　日本の総人口は、2018年で1億2,644万人となっています。先行き、2053年には1億人を割り、2065年には約8千8百万人になる見込みにあります[12]。

　また、生産年齢人口は、2056年には5,000万人を割り、2065年には約4千5百万人となる見込みです。

　日本全体の人口減少傾向の中で、特に地方では深刻な人口減少の状況に陥っているケースが少なくありません。こうした人口減少は、小規模な市町村を中心に、必要な技術力やノウハウを有する人材の確保が困難となるほか、地方財政の悪化を招来して、公共インフラの量的、質的低下をもたらすという問題を生じさせる恐れがあり、地域構造の変化に応じたインフラ機能の維持、適正化を推進する必要があります。

(2) 高齢化

　高齢者人口（65歳以上）は、2018年で日本の総人口のなかで28.1%となっています。また、先行き2065年には38.4%となり、2.6人に1人が65歳以上、3.9人に1人が75歳以上となる見込みにあります。

　高齢化の進展は、医療、介護、福祉といったソフト、ハード両面でのインフラの拡充ニーズを高めています。

　また、公共施設や車両等について、バリアフリー法を踏まえ、移動等円滑化の促進に関する基本方針に定められた目標達成に向けて、公共施設等の一体的、総合的なバリアフリー化の推進を図る必要があります。

【図表9】年齢3区分別人口割合の推移（1950〜2065年）

資料：総務省統計局「国勢調査」, 国立社会保障・人口問題研究所「日本の将来推計人口（平成29年推計）」出生中位・死亡中位推計。

(出所)小池司朗「2040年頃までの全国人口見通しと近年の地域間人口移動傾向」国立社会保障・人口問題研究所、総務省自治行政局・地方制度調査会ヒアリング 2018.9.12

④ 技術職員不足

（1）インフラを担う人材の不足

　インフラを安全、安心に、かつ持続的に利用することができるようにするためには、インフラの維持管理、更新の担い手となる人材の確保、育成が不可欠です[13]。

　大部分の社会資本は、地方公共団体の管理下に置かれています。たとえば、全国に72万ある橋梁のうち、7割以上となる51万橋が市町村道にあります。

　しかし、市町村のインフラの維持管理に関わる土木部門の職員数は減少傾向にあります。たとえば、町の約3割、村の約6割で橋梁保全業務に携わっている土木技術者が存在しない状況にあり、地方公共団体が実施する橋梁点

検においては、直営点検では5割強、委託点検においても4割強が研修未受講かつ民間資格未保有であるという実情です[14]。さらに、市町村における技術者の削減から、点検も思うようにできないケースも増えています。

また、今後、建設就業者は、新たな在留資格以外の外国人の入職を含めても2023年までに3万人の人材が減少すると推計されています[15]。

今後、生産年齢人口の減少が見込まれる状況にあって、インフラを担う人材はさらに減少の恐れがあり、インフラの適切な維持管理、更新が困難となることが懸念されます。

こうした問題は、地方公共団体の問題としてではなく、日本全体に共通する構造的課題として、国と地方が連携を強化し、総合的に取り組む必要があります[16]。

(2)インフラ人材の育成

インフラを担う人材不足への強力な対処策は、ITの活用です。

しかし、ITの活用は万能薬ではなく、インフラが安心、安全に維持されているかを最終的にチェックするのは、人間です。その意味で、インフラを担う人材の育成は極めて重要であるということができます。

そのためには、次のような諸施策が考えられます[17]。

❶ 研修

地方公共団体による維持管理・更新に関する知見習得に向けた研修制度。

❷ OJT

地方公共団体の技術者による業務を通じた技術的知見の継承。建設技術者から次世代の担い手への技術の橋渡し。

❸ 国から地方公共団体への技術支援

国土交通省では、地方公共団体からの相談や要請に応じて職員を派遣し、社会インフラの維持管理・更新における技術支援を実施。

また、職員の派遣以外にも、地方公共団体職員向けに研修会や講習会等を

行うなど、保全技術向上を図るための支援を実施。

❹ 都道府県から市町村への支援

市町村が管理する橋梁の点検業務と長寿命化修繕計画策定を県が受託して実施する垂直補完の実施。

❺ 学生をはじめとする若者の技能労働への入職促進

技能労働者が学生にものづくりの楽しさや喜びを伝える出前講座、工事現場の見学会、現場実習等に加え、処遇改善を通じて若者の入職促進を図る。

❻ 資格制度の活用

業務上、有効に活用され、また、資格を有することが社会的な評価につながることが明らかになれば、資格取得を希望し、社会インフラの維持管理に関わる仕事に就くことを希望する若者が増加することが期待される。

インフラマネジメントの基本戦略

① インフラマネジメントの基本戦略：インフラの長寿化と選択と集中戦略

（1）賢いインフラマネジメント

　人口減少、少子高齢化、地球温暖化のなかで、一斉に老朽化する日本のインフラをいかに維持管理、更新するかという重要な課題のソリューションを握る重要なカギは、インフラマネジメント戦略の構築、実行にあります。

　賢明なインフラマネジメントは、既存施設を賢く保全しながら活用する方策が大きな柱となります。これには、第3章で詳述するように、最新のITを活用して既存施設を保全、長命化を図る施策が考えられます。

　また、こうして節減に注力してもそのファイナンスをすべて財政資金に依存することは土台、無理な話です。したがって、いかに民間資金をインフラファイナンスとして活用していくかが、重要なポイントとなりますが、この点は、第4章で詳しくみることにします。

（2）インフラマネジメントの2本の柱

　インフラマネジメント戦略は、既存施設の有効活用と、選択と集中によるインフラの更新、新設の2本の柱から構成されます[1]。

　すなわち、限られた資源をどのような分野に重点投資するかについては、既存施設についてその活用の効率化を図ると共にメンテナンスによりインフラの長寿化を図って極力コストの節減に努める一方、インフラの更新、新設については真に必要となるインフラに重点投資するといった選択と集中をインフラマネジメント戦略として推進することが、特に求められるところです。

　なお、国土交通省では、行動計画に基づいて、道路、河川・ダム、砂防、海

岸、下水道、港湾、空港、鉄道、自動車道、航路標識、公園、住宅、官庁施設の13分野において個別施設計画に基づいて施設の点検・診断を実施して、その結果により、たとえば緊急措置が必要な道路施設について応急措置を実施したうえで、修繕、更新、撤去のいずれかを速やかに決定して必要な対策を講じることにしています。

（3）インフラマネジメント戦略の策定、遂行

　日本のインフラが老朽化している中で、次の諸点を総合的に検討するインフラマネジメント戦略の策定、遂行が重要となります。

❶ 現在のインフラをどのように長持ちさせるか？

　既存インフラの活用にあたっては、基本的にインフラを賢く使い、極力長持ちさせるためにさまざまな方策を検討、実践する必要があります。

　インフラ整備の重要性が高まる一方、日本の財政事情はきわめて厳しい状況にあります。こうした苦しいやりくりの中で、必要となるインフラ整備を推進するための方策の1つが、既存施設を最大限、効率的に使用することです。インフラの整備は必ずしもインフラの新設を意味するものではなく、賢明なインフラマネジメントは、既存施設を賢く活用する方策を包含することに留意する必要があります。

　また、先行きのインフラの維持、保全に極力コストをかけないように、日頃からこまめに予防保全的なメンテナンスに注力することによって、中長期的にかかるコストの極小化を図ることも、重要なポイントとなります。

❷ インフラの需要の先行き見通しから、インフラの集約化、用途変更、さらには廃止・撤去することが適当なケースはないか？

　戦略的なインフラマネジメントを推進するためには、まずもって各々のインフラが果たす役割をレビューしながら、社会情勢ないし環境変化に伴い施設の複合化、集約化、また、必要性がみとめられない施設の廃止、撤去が必要となります。

i　インフラの多目的活用

　社会情勢や環境の変化とともにインフラに対するニーズが変化することがあります。こうした場合には、既存のインフラを活用して他の目的のために活用するとか、既存のインフラの機能に新たな機能を追加して活用することが考えられます。

　例えば、下水処理場における下水汚泥や施設の上部空間を活用した官民連携による発電施設の整備や、道の駅における地域の拠点機能の強化を推進するといったケースがこれに該当します[2]。

ii　少子高齢化とインフラ

　全国的な人口減少の中にあっても、その減少度合いは地域により大きく異なっています。したがって、先行きの人口動向とインフラニーズの兼ね合いを勘案しながら、現状のインフラが量的に過剰となる見込みにある場合には、廃止、集約ないし再編を実施して、インフラの規模の縮小を行ったうえで、質的向上を主眼とした修繕、更新を図る、といったインフラマネジメントを指向する戦略が考えられます。

❸ インフラを更新する場合や新設のインフラが必要となる場合には、どのようなことを検討する必要があるか？

　上述のとおり、既存施設の活用によって極力コストの節減に努め、真に必要なインフラの更新、新設に重点投資するといった選択と集中をインフラマネジメント戦略の柱に置くことが強く求められるところです。

　そして、既存インフラの更新やインフラの新設にあたっては、将来のコストを現状より抑制することができるよう、維持管理の効率化に資する取り組みを進めることが重要となります。

② インフラの長寿命戦略

（1）インフラ長寿命化計画

　政府は、2013年にインフラ長寿命化基本計画を策定しました[3]。また、国

土交通省では、同年を「メンテナンス元年」として老朽化対策を進展させてきました。そして、2014年に国土交通省においてインフラ長寿命化計画が策定されたことをはじめとして関係省庁や地方公共団体等において行動計画の策定が進められました。

　こうした計画は、社会資本の安全確保とメンテナンスに係るトータルコストの縮減、平準化を両立する戦略的なメンテナンスを基本としています[4]。

　インフラは、利用状況や設置された環境等によって、老朽化の進行は自ずから異なります。したがって、定期的な点検により施設の状態を正確に把握することがまずもって必要です。

　そして、定期点検の結果に基づいて、必要な補修をタイムリーに行うとともに、施設の状態とそれに対してとられた措置をデータとして記録して、次の点検に繋げるといったメンテナンスサイクルの構築が重要となります。

　また、インフラの長寿命化については、先進のテクノロジーの研究開発と導入の推進が不可欠です。こうしたテクノロジーには、IoTやAI、ドローン、ロボット等があり、その活用によりインフラの劣化や損傷状況等、さまざまなデータを把握、蓄積、分析して、インフラの安全性、信頼性やインフラの維持管理業務の効率性の向上に活用することができます。

コラム　インフラ老朽化対策とオープンイノベーション

　2016年、日本社会全体でインフラメンテナンスに取り組む機運を高め、産官学民が知恵や技術を出し合って、オープンイノベーションによって持続的にインフラ老朽化の課題を解決に導くことを目的とした「インフラメンテナンス国民会議」が開設されました。

　そして、インフラメンテナンスは国民1人1人にとって重要であり、社会全体でインフラメンテナンスに取り組むパラダイムへの転換が必要であるとして、産官学民が連携するプラットフォームが設立されました。

　ここで、オープンイノベーションとは、その分野の専門家が閉鎖的な世界で技術開発を行うのではなく、幅広く他分野のアイディア、技術を積極的に

取り入れてさまざまな主体が協働してイノベーションを推進するモデルを意味します。

　具体的には、産官学民によるオープンイノベーションで施設管理者のニーズやさまざまな課題の解決を推進するために、ピッチイベントやコンテスト、現場ニーズと技術シーズのマッチング、企業間のマッチングにより解決のシーズ技術を掘り起こし、戦略的に新技術の開発を促進することを指向します。

　インフラ・イノベーションには、政府、地方公共団体に加えてさまざまな企業、大学、研究機関が参画して、各々が持つエキスパータイズを提供して多種多様なイノベーションを生み出して、インフラメンテナンスのベストプラクティスを目指しています。

（2）予防保全策の推進
❶ 事後保全と予防保全

　インフラの保全策には、事後保全と予防保全があります。このうち「事後保全」は、インフラが損傷や劣化することによって性能が低下した後に修繕等を行う保全策であり、「予防保全」は、計画的にインフラの点検を行って、早期発見、補修により性能の低下を未然に防いで施設全体の長寿命化を図る保全策です。

　これまで蓄積されてきた既存施設を維持し、長寿命化を図るためには、日頃からこまめに予防保全的なメンテナンスに注力することによって、中長期的にかかるコストの極小化を図ることが重要です。

　既存施設は、経年により修繕等のコストがかかることになります。しかし、日頃から保全を目的とする戦略的メンテナンスに取り組むことにより、大規模修繕をできるだけ回避し、また、大規模修繕を実施する場合にもそのコストを節減することができ、延いては更新、新設への投資余力を蓄積することにつながることが期待できます。

　このように、既存施設については、インフラの長寿命化や中長期的な維持管理等に係るトータルコストの抑制を図ることを指向して、施設の損傷が拡大してから大規模な修繕により機能の回復を図る事後保全から、施設の損傷

が軽微な段階で予防的な修繕を行って機能の保持を図る予防保全を軸とする「ストックマネジメント戦略」を構築、実行することが重要となります[5]。

　具体的には、施設特性を勘案して、安全性や経済性を踏まえて、損傷が軽微である早期の段階に高い耐久性が期待できる素材等の活用により予防的な修繕を実施することで機能の保持・回復を図る予防保全型維持管理を導入することが必要です。また、定期的に予防保全型のメンテナンスを確実に実施することにより、大規模修繕を回避してインフラの長寿化を推進することが、結果として中長期的にみたインフラの維持管理コストの低減の実現に繋がることになります。

❷ 予防保全による長寿命化効果

　国土交通省では、インフラ老朽化対策として事後保全から予防保全に切り替える総合的、横断的な分析と取り組みを推進しています。

　すなわち、同省では、社会資本メンテナンス元年以降の取り組みの実績や新たな知見を踏まえて、2018年に、30年後の2048年度までの長寿命化による効率化の効果を推計するために、事後保全から予防保全への切り替えにより同省所管のインフラの維持管理・更新費がどれだけ節減できるかの試算を行っています[6]。

　それによると、事後保全の場合、1年当たりの費用は2048年度には2018年度の2.4倍である一方、予防保全の場合、1年当たりの費用は2048年度には事後保全の場合と比べて5割減少し、30年間の累計でも3割減少する見込みとなっています。また、これを5年ないし10年刻みでみると、事後保全⇒予防保全により、5年後には29%、10年後には25%、20年後には32%、30年後には47%の費用の削減が見込まれるとの推計結果となっています（図表1）。

　同省では、予防保全の考え方を基本としたインフラのメンテナンスを国、地方公共団体などが一丸となって着実に進めるとともに、新技術やデータの積極的活用、集約・再編の取り組みによる効率化を図り、持続的・実効的なインフラメンテナンスの実現を目指す方針です。

【図表 1 】長寿命化等による効率化の効果（「事後保全」で試算した場合との比較）

2018 年度推計、単位：兆円

	2018年度	5年後(2023年度)	10年後(2028年度)	20年後(2038年度)	30年後(2048年度)	30年間合計(2019〜2048年度)
①2018年度推計（予防保全を基本）	5.2	5.5〜6.0	5.8〜6.4	6.0〜6.6	5.9〜6.5	176.5〜194.6
②2018年度試算（事後保全を基本）	5.2	7.6〜8.5	7.7〜8.4	7.7〜8.4	10.9〜12.3	254.4〜284.6
長寿命化等の効率化効果（①-②/②）	—	▲29%	▲25%	▲32%	▲47%	▲32%

（出所）国土交通省「国土交通省所管分野における社会資本の将来の維持管理・更新費の推計」2018.11.30

③ コンパクトシティ

　全国の各都市で、人口の減少や少子高齢化が進行しています。

　そこで、地方自治体としては、人々が一定の範囲内で居住することになれば、医療、子育て、教育等の福祉サービスを効率的、安定的に提供することができます。これがコンパクトシティのコンセプトです。

（1）OEDCのコンパクトシティ

　OEDCでは、コンパクトシティは、高密度で近接する開発形態、公共交通機関によりつながった市街地、地域サービスや職場までの移動の容易さ等の特徴を持っているとしたうえで、次のように指摘しています[7]。

①コンパクトシティは、地方の自然環境や農地を都市の浸食から守る方策の一つという見方をされることが多い。しかし、いまやコンパクトシティは、省エネルギー、生活の質の向上、暮らしやすさといった都市のサステイナ

ビリティに関する幅広い政策目標が加わり、グリーン成長の目的を達成するうえで重要な役割を担うことが期待されている。

②コンパクトシティは、成長を管理、抑制することによる環境保護の方策の一つという見方をされることが多い。しかし、コンパクトシティは経済成長にもプラスの貢献を果たすとともに、グリーン成長の視点に立ったうえで経済成長をコンパクトシティ政策の目標の一つとして明確に組み込むことが重要である。

③経済成長とCO_2排出削減は国の政策の中核であり、コンパクトシティ政策の潜在力を踏まえて都市政策に組み込むことが不可欠である。

④コンパクトシティは、都市内の移動距離の短縮と自動車依存の低減により、環境面でエネルギー消費量とCO_2排出の削減に貢献する。また、近郊農業は地産地消を促し、食料の移動距離を縮めることでCO_2削減にも役立つ。一方、経済面でコンパクトシティはインフラ投資の効率を高め、特に交通、エネルギーと水の供給、廃棄物処理等の維持費を削減することができる。さらに、移動距離の短縮と公共交通機関の利用が交通費の低減につながることや、地域サービスや職場が近くにあることが生活の質の向上に貢献する、といった社会面からみたメリットもある。

（2）国土交通省のグランドデザイン

国土交通省では、中長期的にみた国土のグランドデザインとして、次のようにコンパクトシティの形成が重要となる、としています[8]。

①人口減少、高齢化、厳しい財政状況、エネルギー・環境等の制約下においては、各地域構造をコンパクト＋ネットワークという考え方でつくり上げ、国全体の生産性の向上を図ることが必要である。

②人口減少下において質の高いサービスを効率的に提供するためには、各種機能を一定のエリアに集約化（コンパクト化）することが不可欠であり、ま

た、人・モノ・情報の高密度な交流の実現のためには、各地域をネットワーク化することが必要である。こうした考え方は、地方の山間地でも大都市でも同様に通じるものである。

③具体的には、コンパクトな拠点をネットワークで結んで、商店、診療所など日常生活に不可欠な施設や地域活動を行う場を集めて、行政や医療・福祉、商業等、各種サービスの集約化・高度化を進める。そうした国土基盤を支えるためには、人・モノ・情報の対流を促進する交通インフラが特に重要となる。

④ グリーンインフラ

（1）グリーンインフラとは？

グリーンインフラは、社会資本整備や土地利用等のハード・ソフト両面において、自然生態系が持つ多様な機能を積極的に活用して、持続可能で魅力ある国土・都市・地域作りを進める取り組みです[9]。

これまでは、自然もインフラの一部という考えで自然環境を保全・再生することに重点が置かれていましたが、グリーンインフラを推進する戦略では、持続可能な社会を形成するとの観点から、自然環境の保全・再生のみならず、日本が抱える課題解決の手段として、自然環境の多面的な機能を積極的に活用していくことがポイントとなります。

グリーンインフラという言葉自体は、1990年代後半から欧米を中心に、自然環境が持つ機能を社会におけるさまざまな課題解決に活用する考え方として使われ、また、日本では、2015年閣議決定の国土形成計画で初めて登場しました。

グリーンインフラのコンセプトが登場した当時は、コンクリート構造物をグレーインフラと呼んで、グリーンインフラが初期投資やメンテナンスでグレーインフラよりもコスト安であると比較する議論もみられました[10]。

その後、2016年の質の高いインフラ投資の推進のためのG7伊勢志摩原則で、グリーンインフラが織り込まれました。

　グリーンインフラをグリーンとインフラに分解してみると、グリーンは、緑・水・土・生物などの自然環境が持つ多様な機能を積極的に生かして環境と共生した社会資本整備や土地利用等を進める意味を持ちます。

　また、インフラは、ダムや道路等のハードだけではなく、その活動を下支えするソフトの取り組みも含み、また、公共の事業だけではなく、民間の事業も含む意味を持ちます。

　そして、グリーンインフラの取り組みにより、良好な環境形成、温室効果ガス排出量の削減や気候変動の影響への適応による地球温暖化対策の推進等、環境、エネルギー面から、生活の質の向上に寄与する効果を期待することができます。

（2）グリーンインフラの一段推進に向けて

　日本では、これまでも社会資本整備や土地利用等において、自然環境が持つ機能を活用して防災・減災、地域振興、環境等に取り組んできました。しかし、気候変動への対応、人口減少・少子高齢化といった課題やESG投資の活発化といった状況下、これまでの取り組みをさらに推進する重要性を認識する必要があります。

　すなわち、防災・減災の手法として、グレーインフラとグリーンインフラ双方の特性を勘案して、グリーンインフラのコンセプトを土地利用や自然再生の計画に積極的に導入することが重要となります。

　特に、これまでみてきたように、既存のインフラが急速に老朽化する中にあって、その更新や維持管理に要する資金負担や技術者不足に対応するために、グリーンインフラへの本格的な取り組みの必要性が高まっています。

　日本は、豊富な自然に恵まれており、こうした自然資本を大切に管理するとともに、自然の持つ強み、機能を活用しながら社会インフラの整備を進めていくことが重要と考えられます。

（3）自然環境が持つ機能とグリーンインフラの活用

　ここでは、パリ協定等を概観した後、自然環境が持つ多様な機能と、それをいかにグリーンインフラに活用することができるかをみることにしましょう。

❶ 地球温暖化とグリーンインフラ

i パリ協定の採択

2015年にパリで開催されたCOP21（気候変動枠組条約第21回締約国会議）では、気候変動問題に関する国際的な合意文書であるパリ協定が採択されました。パリ協定は、京都議定書以来18年ぶりの新たな法的拘束力のある画期的な国際的枠組みで、世界約200か国が合意して成立しました。

この協定は、2020年以降の地球温暖化対策の国際的な枠組みで、世界的な平均気温上昇を産業革命以前に比べて2℃より十分低く保つとともに、1.5℃に抑える努力を追求することを内容としています。この世界共通の長期目標は、「2℃目標」と呼ばれています。

そして、この目標を達成するため、今世紀後半の世界全体の温室効果ガスの人為的な排出と吸収の均衡を目指して排出量を実質的にゼロにする脱炭素化が規定され、すべての国に削減目標・行動の提出・更新が義務付けられるなど、地球温暖化対策の新たなステージが拓かれました。

ii 日本の2050年脱炭素宣言

日本は、2020年11月に開催されたG20リヤド・サミットにおいて、2050年までに温室効果ガス排出を実質ゼロにする「カーボン・ニュートラル」の実現を目指す決意を表明しました。

そして、温暖化対応は成長につながるというように発想を転換することが必要であり、革新的なイノベーションを鍵とするグリーン社会の実現を指向して、経済と環境の好循環を創出していくとのアプローチが重要であることを強調しました。

❷ ヒートアイランド対策

郊外よりも都市の気温が高くなるヒートアイランド現象は、都市化の進展により一段と顕著になっています。

このようなヒートアイランド現象に対するグリーンインフラ対策の具体例としては、地表面被覆の改善があります。特に都市の地表の多くは、熱を蓄積しやすいアスファルトやコンクリートで舗装されており、昼間に蓄えられ

た熱が夜間に放射されて夜間の気温低下が妨げられることとなります。

　この具体策としては、アスファルト混合物の空隙に、吸水・保水性能を持つ保水材を充填する保水性舗装があります。保水性舗装によって水分の吸収・蒸発を効率良く行い、道路表面の温度を抑えて大気に放出される熱を減らす効果があります。また、赤外線を反射する遮熱材を道路表面に塗布することにより温度上昇を抑制する遮熱性舗装も試みられています。

　一方、工場や商業施設など大規模施設を中心に実施されているヒートアイランド対策に屋上緑化や壁面緑化があります。これは、植物の葉などで日射をさえぎり、また蒸発散により周囲からの熱吸収効果も利用することで、建築物表面における大気加熱を抑制する効果があります。また、建物の屋根などに近赤外線成分を多く反射させる性能を持つ高反射率塗料（断熱塗料）を塗布する対策も講じられています。

❸ 水循環：雨水の貯留、浸透とグリーンインフラ

i　水循環と流域対策

　水循環とは、水が、蒸発、降下、流下、または浸透により、海域等に至る過程で、地表水、地下水として河川の流域を中心に循環することをいいます（水循環基本法第2条）。

　水は、地球上を循環し、大気、土壌等と相互に作用しながら、多様な生態系の生命の源として、また、さまざまな産業が活動する要素の1つとして機能しています。しかし、このところ、地球温暖化や都市化の進行、産業構造の変化等の要因から、洪水や渇水、水質汚濁が問題となっています。

　こうした状況から、健全な水循環を維持、回復するためのインフラ施策を強力に推進することが重要となっています。その具体策として、雨水の貯留、浸透施設の整備を通じて、雨水を防災、減災や水源維持に有効利用する流域対策によりグリーンインフラを推進する事例が増加しています。

　雨水の流出を抑制するための流域対策として、貯留施設と浸透施設の整備が必要となります[11]。このうち貯留施設は、雨水を一旦貯めて、川や下水道の水位が低下した後に、ポンプ等で排水する施設です。代表例として、大規模開発地での防災調整池や校庭や運動場、駐車場の地下の貯留施設等があり

ます。

　一方、浸透施設は、雨水を直接、地下に浸透させ、河川や下水道への急激な流出を抑制する施設です。代表例として、雨水浸透ます、浸透トレンチ、透水性舗装、浸透側溝等があります。

　流域対策により、雨の降った場所に雨水を一時的に貯留させたり地下に浸透させて、降雨直後に雨水が下水道や河川に急激に流出することを抑制することにより、甚大な浸水被害の防止や、災害時の緊急用水源、消防水利、街路樹や植樹帯への散水に利用する施策が行われています。また、家庭においては、庭木への散水、洗車、トイレ洗浄水などに利用することにより、水道の使用量を削減する効果が期待できます。

コラム　信玄堤

　甲府盆地は、四方を高山に囲まれた扇状地で、この地を流れる釜無川や御勅使川（みだいがわ）が合流する地域は、洪水の危険が非常に高く、1542年に双方の川が大氾濫しました。

　信玄堤（しんげんづつみ）は、戦国武将の武田信玄がこの釜無川・御勅使川の氾濫を契機に、20年もの年月と莫大な経費を掛けた一大治水事業により構築された山梨県の旧竜王町にある釜無川（富士川の上流）とその支流の御勅使川の合流付近の堤防です[12]。

　戦国時代、毎年、雨期には大水に見舞われて住民はその都度、災害に遭ってきましたが、信玄堤によって被害は大きく軽減され、現在においても治水の役目を担っています。

　信玄が用いた工法は、画期的なもので「甲州流河除法」と呼ばれています。

　この甲州流河除法は、それまで扇状地を自由奔放に流れていた御勅使川のいくつかの水流を1本化して、合流した流れの水勢を、堅固な自然岩である竜王の赤石にぶつけて弱めたうえで、将棋頭と呼ばれる将棋の駒の形をした石組みで水流を二分して、それが釜無川と合流するところに高岩と呼ばれる大きな石組みを築いてさらに水勢を削いだうえで、御勅使川を釜無川に順流

させる、という手法です。

　これは、洪水の原因となる水流に逆らって水勢を抑え込むのではなく、水流を受け流して徐々にその水勢を削いで被害の軽減化を図るという減災をコンセプトとする工法です。

　そして、御勅使川が合流して釜無川となって流れる下流に1,800m以上にわたる堤防を築きました。この信玄堤は、所々で堤防に切り込みが作られており不連続であるという特徴を持っており、これを「霞堤」と呼んでいます。仮に信玄堤を切れ目のない連続したものとすると、堤防の最上部まで水位が上がって遂に耐え切れず1か所が決壊すると、そこが流路となり甲府盆地の中心部にとてつもない勢いで水が流れ込み、文字通りの大洪水になる恐れがあります。

　そこで、信玄堤を霞堤とすることにより、大水になっても一カ所に水勢が集中することなく堤防のいくつかの切れ目（差し口という）から水を意図的に堤外に越流させて水勢を分散させることにより、大洪水になることを防ぎます。

　そして、堤防に隣接する外側の土地は、水没するリスクを考慮して規制により住宅地とすることは禁止され、「竜王河原宿」という新田開発を行い、遊水地の役割も果たす農地として利用されました。実際のところ、霞堤から堤外に溢れ出す水には上流部の腐葉土が含まれており、耕作に好影響を及ぼしたと伝えられています。

　また、切り込みが斜めに作られていることから、雨がやめば溢れ出た水は、1日も経過したところで再び本流に戻っていく仕組みとなっています。

　さらに、堤防に欅を主とする水防林を植え生態系の機能を活用しました。この水防林は、堤防を守り、流木や土砂の攻勢を防ぐ機能を発揮しました。

　このように、信玄は、人間の力で完全に洪水を封じ込めることはできないとの認識の下、洪水が起こることを前提に、水流の力を利用して水流をコントロールする、という治水手法をとったのです。

　災害の激甚化が進行する現在、信玄堤は、自然の力、自然の仕組みを取り込んだ減災と、それに関連する土地利用の在り方について、重要な参考教材を提供していると考えられます。

　いかに自然災害に立ち向かっても限度があり、自然の脅威を前提として減災を図りながら、あとは人々が早めに避難行動をとる、といった防災対策の基本を信玄は堤防の構築で実行したわけです。

　こうした水勢を抑え込む治水施設ではなく、むしろ流域全体を使って治水を行うという信玄堤の遊水地的なコンセプトは、東京都の神田川・環状七号線地下調節池にも採用されています。

　また、国土交通省は、気候変動による水災害リスクの増大に備えるためには、これまでの河川管理者等の取り組みだけでなく、流域に関わるあらゆる関係者により流域全体で行う流域治水へ転換するため、全国の一級水系で、流域治水プロジェクトにより、ハード・ソフト一体の事前防災対策を加速する、としています[13]。

【図表2】国土交通省の流域治水プロジェクト

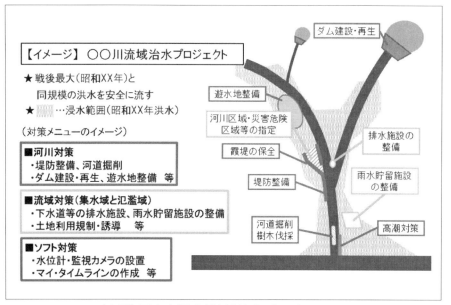

（出所）国土交通省「流域治水プロジェクト」

ⅱ　都市における水を生かしたグリーンインフラ

　ここでは、特に都市における水を生かしたグリーンインフラについてみることにします。

　水を生かしたグリーンインフラは、雨が降ると地面から地中に浸透して、川、海へ流れ出てそれが蒸発し上空で雲になり、再び雨となるといった自然の水循環を、都市にある道路や公園、ビル等に再現させて、生活や産業活動を巡る環境の改善を指向し、延いては防災、減災に役立てようとするコンセプトを軸としています。

　地球温暖化の影響により、このところ、極端な集中豪雨が頻発しており、この結果、河川や下水道へ流れ込む雨水の量が排水能力を上回って増加して、都市部の中小河川の氾濫や市街地の浸水が発生する都市型水害が多発しています。

　インフラの老朽化は、下水道施設についてもその埒外ではなく、多くの都市では、大規模な下水管工事が必要となる時期が迫っていますが、都市型集中豪雨の頻発から下水道の排水能力を超える内水氾濫が頻発しており、これに対する早期の対策が必要となっています。

CASE：東京都の調節池

　調節池は、集中豪雨が発生して河川が洪水を流しきれない場合に、洪水の一部を一時的に貯めて、下流の氾濫を防ぐ機能を担います。調節池に貯めた水は下流側の水位が下がってから流すことになります。

　東京都では、各河川の状況に応じて調節池を掘込み式、地下箱式、地下トンネル式の3つの方法で整備しています。

・掘込式：地上部を掘削した貯留空間に洪水を貯留する施設
・地下箱式：地下に設置された箱型の貯留施設内に洪水を貯留する施設
・地下トンネル式：地下トンネルと取水・排水立坑で構成された調節池で、地下に設置されたトンネル内に洪水を貯留する施設

　このうち、最大の貯留能力を持つ調節池が、環状7号線地下トンネル式調節池です。この調節池は水害が多発していた神田川中流部の治水安全度を早期に向上させるため、都道環状7号線の地下50mに直径12.5m、総延長13km

の巨大トンネルを設置し、神田川、善福寺川、妙正寺川の洪水約54万㎥を貯留することが可能な施設です。また、現在工事中の石神井川区間のトンネルが完了すると143万㎥の貯留量を確保することができ、1時間あたり100mmの局地的短時間の集中豪雨にも効果を発揮する、とされています。

この地下トンネル式調節池は、コンクリート等により整備されたグレーインフラです。

CASE：横浜市のグランモール公園

横浜市のグランモール公園は、みなとみらい21地区の中心に位置する全長700mの細長い公園です。2017年に改修が終了したグランモール公園は、GREEN × SMART PARK を標榜して、公園に降った雨を、公園の舗装の下部に地下水脈のように敷設した雨水貯留砕石層に浸透側溝から貯留し、保水した雨水を透水性舗装や植物から蒸発散されるという大きな水循環を実現しています。

このように、グランモール公園内の一定区域に降った雨は場外に流出することなく、雨水貯留砕石層の雨水は、保水・透水性舗装および樹木の蒸散作用によって蒸発する水循環の仕組みとなっています。

ここで使用されている雨水貯留砕石は、従来の単粒度砕石と比較すると、骨材や腐植の保水性、砕石にコーティングされた腐植の毛細管現象による水の吸い上げ機能、樹木の根の生長促進の効果が期待でき、雨水の有効活用や樹木の良好な生育に資するという特性を持っています[14]。また、舗装には、高性能の保水・透水舗装用レンガが使用されています。

雨水の貯留浸透を行うこの仕組みは、これまでU形側溝に排水していた雨水の処理を、雨が降った場所で垂直に浸透させ蒸発させるという基本に従った方法であるということができます。

グランモール公園が所在するこの地区は、もとは埋立地で土壌が悪く、樹木の生育条件は決して良好ではなく、また、夏季は大都市に特有のヒートアイランド現象に悩まされていました。しかし、グリーンインフラ技術を採用したこの方法は、植栽の成長を助けるとともに、晴天時は蒸発散による気化熱によって、ヒートアイランド現象の削減効果を発揮しています。

CASE：札幌市の雨水浸透型花壇

　札幌市の姉妹都市であるポートランド市は以前より雨水流出低減対策として、green street（道路雨水の地中還元を目的とした緑化）を推進しています。札幌市では、これを参考としながら2010年度より雨水浸透型花壇に取り組んでいます[15]。

　雨水浸透型花壇は、雨水を下水道ではなく花壇に誘導して、水を一時的に花壇内に貯めてゆっくり地中へと浸透させ、自然の循環を回復させるものです。雨水浸透型花壇は、雨水を貯留、浸透させる機能と緑による景観向上機能という2つの機能を併せ持っており、複合的に都市環境の改善を図ることができます。

　雨水浸透型花壇は、雨水が花壇内に流れ込みやすいような形で設置し、花壇用土の下に砕石を入れて、集めた雨水を貯留・浸透させて舗装等により断ち切られていた水循環を回復させます。雨水を花壇に集めるのに適した形状は設置場所によって異なるため、さまざまな形の花壇があり、用途に合せて自生種、園芸植物、樹木等、多様な植物を植栽することにより景観の向上を図ることができます。

　また、雨水浸透型花壇によって集中豪雨の被害軽減やヒートアイランドの緩和といった効果を期待することができます。

❹ 多自然川づくり

i　治水・利水目的の川づくり

　日本は、国土の多くが急角度の坂で構成される山地であることに加えて降水量が多いため、大雨の都度、甚大な洪水、氾濫の被害に見舞われてきたことから、河川整備といえば、治水に重点が置かれたものとなりました。また、1964年の改正河川法では、発電用水や農業用水といった利水問題の解決が目的とされて、この結果、治水・利水の総合的な開発が行われてきました。このように、従前の日本の川づくりは治水・利水を中心として実施されました。

　この結果、洪水、氾濫の被害を防ぐために、川岸をコンクリートで覆う等の画一的な工事が全国で実施されました。しかし、こうした形で川づくりが続けられた場合には川に自然環境が喪失されることになるといった批判が声

高に聞かれるようになりました。

ⅱ　多自然川づくり

　多自然川づくりは、環境機能と治水機能を両立させて河川を整備する取り組みです。

　すなわち、多自然川づくりは、河川全体の自然の営みを視野に入れ、地域の暮らしや歴史・文化との調和にも配慮し、河川が本来有している生物の生息・生育・繁殖環境、及び多様な河川景観を保全・創出するために、河川管理を行うプロジェクトです[16]。

　多自然川づくりは、当初は多自然型川づくりの名称で、パイロット的に実施するモデル事業として、代表的な河川において自然石や空隙のあるコンクリートブロックを用いた低水護岸の工法を工夫する等、主に水際域の保全や復元を図るための個別箇所ごとの対応が中心でした。しかし、多自然型川づくりの名称は特別なモデル事業であるかのような誤解を与える恐れがあるとして、普遍的な川づくりの姿として展開していくことの意味合いを込めて多自然川づくりへと改称されました。

　1997年の改正河川法では、治水、利水に加えて、河川環境の整備と保全が織り込まれているように、多自然川づくりでは、治水と環境をトレードオフの関係にあるとみるのではなく、治水機能と環境機能は相互補完関係になると把握するところにポイントがあります。

ⅲ　持続的な多自然川づくりに向けて

　多自然型川づくりは、治水対策を優先した河川改修や国土の開発が河川の自然環境や生物の生育環境に悪影響を及ぼしてきたとの反省から、自然の特性やメカニズムを活用して自然と融和した川づくりを実践することにより、良好な河川環境を取り戻し、人と河川の関係を再構築する取り組みです。

　現在では、多自然川づくりは、瀬（川の流水が速く水深が浅い場所）や淵（川の流水が緩やかで深みのある場所）、河畔林等、河川空間を構成する要素への配慮、河川全体を視野に入れた計画づくり、自然再生事業における流域の視点からの川づくりへと、より広い視点からの取り組みが実践されています。

そして、改正河川法から20年が経過した2017年、多自然川づくり推進委員会は、多自然川づくりの持続性、将来性について、概略、次のように提言しています。

「日常的な河川管理の中で、まずは自然の営力を活用した効率的な管理を第一に考え、これのみによることができない場合に、さまざまな工夫を凝らした河川環境の整備と保全を徹底していくことが重要である。加えて、将来へ向けた持続性を高めるために、地域社会との関わりを深め、さらには、気候変動などの河川の環境を取り巻く将来的な変化も見据えつつ、日本の原風景である美しい川を引き継いでいくための、川と人との持続的な関わりのあり方について検討を続けるべきである。」[17]

河川環境の整備、保全に向けた具体化により、治水・利水と環境保護の両立が同時進行することが期待されます。

❺ SDGsとグリーンインフラ

自然資本の多様な機能を活用して持続可能な国土を形成するコンセプトであるグリーンインフラへの取り組みは、SDGs（持続可能な開発目標）が唱える目標を具体化する典型的なケースであるということができます。

2015年9月の国連持続可能な開発サミットで、持続可能な世界に向けて達成すべき17の目標と169のターゲットから構成されるSDGsが掲げられました。SDGsは、地球環境や気候変動に配慮しながら持続可能な暮らしや社会を営むことを目標としています。そして、17の目標のうちの第9目標に、「レジリエントなインフラの構築」が謳われています。

2019年末に決定された政府のSDGsアクションプランでは、今後の10年を2030年の目標達成に向けた行動の10年として、3本柱を中核とする日本のSDGsモデルの展開を加速化する政府の具体的な取り組みが示されています[18]。その3本柱の1つが、SDGsを原動力とした地方創生、強靭かつ環境に優しい魅力的なまちづくりであり、その中でグリーンインフラの推進が掲げられています。

🖊 コラム　Eco-DRR

　グリーンインフラに類似したコンセプトにEco-DRRがあります。

　Eco-DRR（Ecosystem-based Disaster Risk Reduction）は、自然環境の機能を活用した防災・減災対策を意味します。

　すなわち、Eco-DRRは、健全な生態系を管理、保全することにより、森林や湿原、沿岸等の生態系が持つ自然災害に対する緩衝機能を自然のインフラとして活用するとともに、生態系サービスによる食糧や水等の供給機能により、自然災害への対応を強化して社会経済的なレジリエンスを高める防災、減災対策です[19]。

　このように、Eco-DRRは、グリーンインフラのなかで、特に防災、減災に関する自然環境の機能に着目した考え方であるということができます。

　たとえば、森林と海は河川でつながっており、土砂の移動により干潟、砂浜が形成されます。そして、砂浜は気候変動による海面水位の上昇による海岸侵食の進行を抑える働きをします。

　また、東日本大震災の際には、防潮林と砂丘が津波の直撃を防いだり、海岸防災林により船が背後にある住宅地を直撃することが食い止められた等、海岸防災林による被害軽減効果が確認されています[20]。このほか、健全な森林は土砂崩れを抑制するとか、サンゴ礁は波のエネルギーを和らげ、海岸のマングローブ林は、高潮や津波の被害を軽減する等の例があります。

　そして、災害があった後も、生態系が水や燃料等、生存に必要な資源の供給源になり、社会経済活動のレジリエンスを高めることに貢献します。

　さらに、森林や湿地等の生態系は炭素貯留機能があり、生態系の管理、保全を確実に行うことは気候変動の緩和策としても有効です。

　一方、生態系を活用した防災、減災と人工構造物による防災対策は相反するものではなく、地域の特性に応じて最適に組み合わせることが重要となります[21]。

　たとえば、海岸防災林は前述のとおり、津波災害軽減効果はありますが、海岸林のみでは海水の侵入は防ぐことは難しく、海岸近くに家屋や施設がある

場合には防潮堤や防潮護岸といった防潮施設を併用することによって対策を講じることが必要となります[22]。

⑤ 防災減災インフラ

　防災減災インフラの整備は、安心、安全な生活を確保するために、最も重要な施策となります。

　特に、このところ頻発している自然災害が深刻な被害を及ぼしていることに鑑みると、防災減災インフラの整備は、最優先で取り組むべき施策の1つとなります。

（1）より良い復興：原形復旧から適応復興へ
❶ 災害に脆弱な国土構造

　コンパクトなまちづくりの推進にあたっては、自然災害に対して脆弱な土地の利用を避けて、人命や財産が危険な自然現象に暴露されることを回避する必要があります。

　日本は、国土面積の約1割にすぎない洪水氾濫区域（低地）に5割の人口と4分の3の資産が集中しており、ひとたび洪水が発生すれば、被害は深刻なものとなります[23]。

　また、津波や高潮の影響を受ける恐れのある沿岸域や、土砂災害の恐れのある山麓部にも市街地が拡大しています。

　こうしたことから、人口減少の進行や土地利用の変化を踏まえて都市や中山間地域において地域の再編が進められていく機会をとらえて、危険な自然現象に対する暴露を回避する観点から、気候変動の影響や災害リスクを念頭に置いた安全なまちづくり・地域づくりや土地利用を積極的に推進していくことが重要となります[24]。

【図表3】日本の国土利用状況

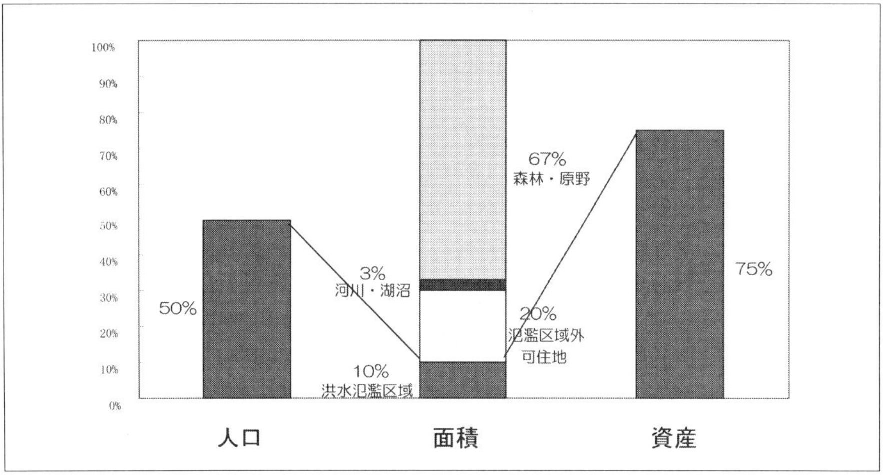

（出所）国土交通省

❷「気候変動×防災」戦略

　2020年6月、小泉環境相と武田防災相は、地球温暖化のリスクを踏まえた今後の防災インフラの整備について、各分野の政策において「気候変動×防災」を組み込み、ハード、ソフト両面の対策により、国土形成、インフラ整備、土地利用等を進めて政策の主流にして、風水害に強い国づくり、まちづくりを行うことが重要である、とする共同メッセージを発表しました[25]。

　この声明では、気候変動の影響が現実となり、想定を超える災害が各地で頻繁に生じる気候危機とも言うべき時代を迎えたとして、災害復興に当たっては、被災した地域を単に元に戻す従来の「原形復旧」の発想では限界があり、自然の性質や地域の特性を生かした「適応復興」の発想で対応していくことが重要であることを強調しています。

　そして、将来の気候変動予測を踏まえ、SDGsの達成も視野に入れながら、気候変動対策と防災・減災対策を効果的に連携させて取り組む戦略として「気候危機時代の「気候変動×防災」戦略～原形復旧から適応復興へ～」を公表しました。

　この気候変動×防災戦略は、自然が持つ多様な機能を活用したグリーンイ

ンフラの整備を重点施策の1つとして、森林や湿地等の生態系が防災に果たす役割に着目して、既存のインフラと組み合わせて活用することを骨子としています。

　具体的には、自然災害に対して脆弱な湿地、沿岸、急斜面の森林等は開発を避けて保全を図る必要があります。そして、洪水による床上浸水の頻度が高い地域等、人命リスクが極めて高い災害ハザードエリアに立地している住宅等は、災害リスクの低い地域への移転を促進するとともに、建築物の構造規制や宅地開発の抑制を図るといった災害危険エリアからの戦略的な撤退を検討することが重要なポイントとなります[26]。なお、移転後の跡地については、生態系を再生させることや災害が生じても迅速に回復できる水田や畑地として活用することが考えられます[27]。

　また、高齢化の進展、中山間地域集落の増加、地域コミュニティの衰退から、自助、共助による避難がより困難になってきており、特に病院や福祉施設については、立地場所や構造等に十分、配慮することが必要となります。

（2）低炭素都市づくり

　2012年に「都市の低炭素化の促進に関する法律」（略称エコまち法）が施行されました。

　この法律は、人口と建物が集中する都市部において、都市機能の集約化とこれと連携した公共交通機関の利用促進、地区・街区レベルでエネルギーの効率的な利用、みどりの保全・緑化の推進等による低炭素まちづくりを促進することを目的しています。

　そして、この法律に基づいて、25都市（2019年度末）において低炭素まちづくり計画が策定、推進されています。

　こうした低炭素まちづくり計画は、次のような内容となっています[28]。

①都市機能の集約化

・病院・福祉施設、共同住宅等の集約整備

・民間等による集約駐車施設の整備

・歩いて暮らせるまちづくり（歩道・自転車道の整備、バリアフリー化等）

②公共交通機関の利用促進等

- ・バス路線やLRT（Light Rail Transit、次世代型路面電車　低床式車両の活用、軌道・停留場の改良による乗降の容易性等の特徴がある）の整備、共同輸配送の実施
- ・自動車に関するCO_2の排出抑制

③建築物の低炭素化

- ・民間等の先導的な低炭素建築物住宅の整備

④緑・エネルギーの面的管理・利用の促進

- ・NPO等による緑地の保全及び緑化の推進
- ・未利用下水熱の活用
- ・都市公園・港湾隣接地域での太陽光発電、蓄電池等の設置

（3）豪雨による水災害対策

　このところ、日本では、短時間で極端に大量の雨量をもたらす豪雨が頻発しています。そして、こうした豪雨により、毎年のように急激な河川水位の上昇やそれによる氾濫が生じる等、甚大な水被害が発生しています。

　こうした水災害には、地球温暖化が大きく影響しているとみられ、今後、さらに短時間で強雨の発生や大雨による降水量の増大の頻発化、激甚化が懸念され、気候変動の影響が治水対策の進捗を上回る新たなフェーズに突入した可能性があります[29]。

　実際のところ、さまざまな地球温暖化対策を講じても、気温の上昇自体は続くことが懸念され、水災害の軽減に向けてのインフラ整備が急務となっています。そのため、水災害の発生を着実に防止することを指向して、これまで進めてきている堤防や洪水調節施設、下水道、砂防堰堤、水資源開発施設等の維持管理を着実に進めることが重要となります[30]。

　もっとも、中山間地域等では人口減少が進み、適切な管理を継続することが容易でなくなる恐れがあり、水災害対策を進めるに当たっては、この点に留意する必要があります。また、気候変動により頻発化、激甚化する水災害

には、災害リスクを考慮したまちづくり・地域づくりや、的確な避難、円滑な応急活動、事業継続のための事前の備えを進める必要があります。このため、住民等からみて分かりやすく、きめ細かく災害リスクに関わる情報を提示することが重要となります。

　日本の都市の中枢機能は、大河川の氾濫域に集積するとともに、ゼロメートル地帯といった危険な地域を抱えています。さらに、大都市は道路が立体的に整備されており、アンダーパスの水没の恐れがあるほか、地下の高度利用が進んでおり、地下鉄や地下街、ビルの地下等の地下施設の浸水によって都市機能が麻痺する恐れもあります。

　このような状況下、都市対策として浸透ますや透水性舗装などの整備により雨水を浸み込ませて流出を抑える対策を推進する必要があります。

❶ 地下空間の浸水対策

　大都市圏では、地下空間の高度利用が進んでおり、地下に電源設備等の社会経済活動を支える施設が設置されている場合が多く、地下施設の浸水によってさまざまな機能が麻痺するリスクがある等、水害に対してますます脆弱になっています。

　たとえば、2019年10月の台風による大雨で多摩川の水位が上昇、内水氾濫が発生して、川崎市武蔵小杉のタワーマンションの地下の電気設備等へ浸水した結果、停電、断水（電力による給水ポンプの稼働停止）を引き起こしてライフラインが切断、また、エレベーターも稼働不能になる等、多くの住民の生活に甚大な影響を及ぼしました。これには、地下にある貯水槽に能力を上回る水量が流入したこと等が原因とされており、地下設備の水害対策の重要性が改めて認識されることとなりました。

　また、地下街の浸水対策としては止水板の設置や適切な避難誘導の促進が必要となります。特に、地下街、地下鉄の地下駅及びこれらに接続するビルによって形成される大規模地下空間では、多数の地上出入口や地下接続口が存在するため、一体的な浸水防止・避難確保対策を促進することが重要です。

❷ 都市の地下に貯水マスの設置

　都市化が進んで空地や畑が少なくなった結果、雨水が地中へ浸透する量が減ったことから、下水道に流れ込む雨水の量が増えています。このため、局地的集中豪雨の際には、下水道管に流れ込む雨水の量が能力を超えるとマンホール等から溢れるといった浸水被害が起きています。

　そこで、東京都・区市町村では、下水道への雨水流入を抑制することを目的に、戸建住宅等の民間施設についても、敷地内に雨水浸透施設の設置を促進しています。

⑥ インフラの管理、更新戦略の経済効果

　インフラ整備の経済効果は、フロー効果とストック効果に大別することができます。

　このうち、フロー効果は、公共投資事業により、生産、雇用、消費等の経済活動（フロー）が創出されて短期的に経済を拡大させる効果をいいます。

　一方、ストック効果は、800兆円に及ぶインフラが社会資本として蓄積（ストック）されて機能することにより、耐震性の向上や水害リスクの低減といった安全・安心効果や、生活環境の改善、アメニティの向上といった生活の質の向上効果のほか、移動時間の短縮等による生産性向上効果が継続的に発揮される中長期的経済効果です。

　国土交通省では、インフラの管理、更新戦略を、ストック効果を高める戦略的な社会資本整備の推進の1つとして位置付けています[31]。

　すなわち、従来の社会資本の整備は、景気浮揚や雇用の吸収等のフロー効果に重点が置かれてきましたが、厳しい財政状況で社会資本整備を着実に推進していくためには、これまで蓄積されてきた社会資本を整備して最大限活用することによって継続的に中長期に亘り発現される生産性向上効果や民間投資誘発効果をはじめとするストック効果を重視すべきであり、社会資本整備の本来の役割はストック効果にあるとしています。

　こうしたストック効果の具体的な内容は、
①防災力の強化により災害安全性を向上させる安全・安心効果、

②生活環境の改善等に寄与する生活の質の向上効果、

③民間投資を誘発して経済活動の生産性、効率性を向上させる生産拡大効果
　です。

　そして、ストック効果の高い事業への選択と集中の徹底を内容とするイン
フラマネジメント戦略に軸足を置いて、社会資本の整備を進めることとして
います[32]。

　ストック効果重視のインフラマネジメントは、少子高齢化、自然災害の頻
発、ITによる技術革新の進展等の社会経済状況の変化に対応して、限られた
財源の中で国民生活をより豊かにするための効率的、効果的な社会資本整備
が指向する基本的な機能を計画的に発揮する的確な方針であるということが
できます。

【図表4】インフラのフロー効果とストック効果

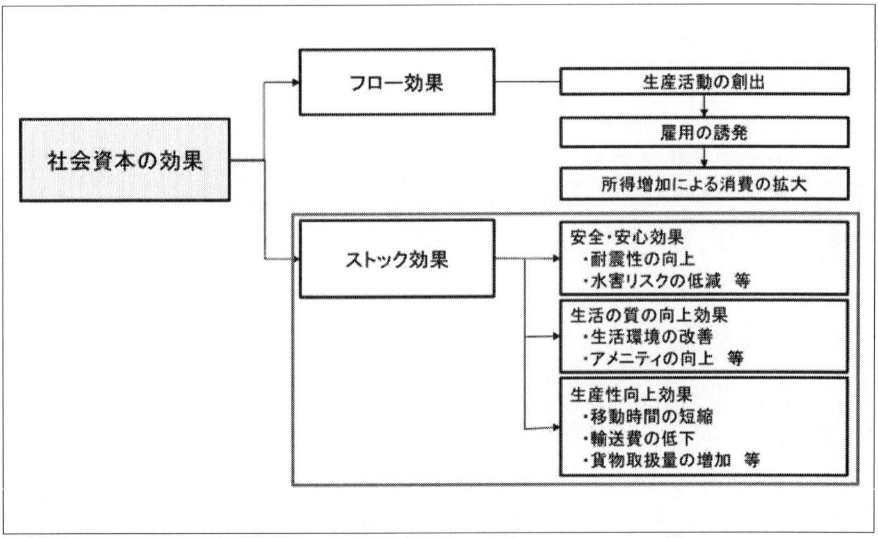

（出所）国土交通省

コラム　**インフラのアセットマネジメント**

　インフラのアセットマネジメントは、インフラのフロー効果よりストック効果を重視したインフラ政策を意味します。

　すなわち、インフラのアセットマネジメントは、厳しい財政制約の中で、現有のインフラ資産を最大限、有効に活用して、公共サービスの最適化を図り、多様化するニーズに的確に応えて顧客満足度を高めるように、費用対効果を十分考慮してインフラを安全、快適に維持、運営を行うアプローチです。

　たとえば、東京建設コンサルタント社は、地方自治体が管理する橋梁の修繕計画の策定において、同社の橋梁マネジメントシステムを用いて、次のようなアセットマネジメントによる長寿命化修繕計画策定フローを提供しています[33]。

①橋梁点検・健全度の把握

②劣化予測

③LCC（ライフサイクルコスト、今後の橋梁の補修・架替えにかかる費用）算定

④最適維持管理シナリオの決定

⑤予算の配分・補修優先順位付け

⑥長寿命化修繕計画の立案

⑦計画の実行・モニタリング

第 3 章

インフラ DX戦略

① Society5.0

（1）Society5.0 とは？

　Society5.0 は、IoT や AI 等のテクノロジーを活用して、サイバー空間（仮想空間）とフィジカル空間（現実空間）を高度に融合することによりさまざまな知識や情報が共有され、イノベーションが生み出されることにより、産業や社会に新たな価値を生み出す人間中心の超スマート社会を意味します[1]。

　すなわち、Society5.0 は、狩猟社会の Society1.0、農耕社会の Society2.0、工業社会の Society3.0、情報社会の Society4.0 に続く超スマート社会です。

　Society4.0 の情報社会では、人間が情報を解析することにより価値を創出してきましたが、知識や情報が共有されず、分野横断的な連携が不十分であるという問題がありました。人間が行う能力には限界があるために、膨大な情報のなかから必要な情報を取り出して分析する作業が大きな負担であったり、少子高齢化や地方の過疎化等さまざまな制約があり、情報社会に十分に対応することが困難でした。

　しかし、Society5.0 では、フィジカル空間のセンサーからの膨大な情報がサイバー空間に集積されます。そして、サイバー空間ではビッグデータを人間の能力を超えた AI が解析して、その解析結果がロボット等を通してフィジカル空間の人間にさまざまな形でフィードバックされ、従来、できなかった新たな価値が産業や社会にもたらされることになります。

（2）インフラと Society5.0

　Society5.0 がインフラの維持管理面で価値を創出する例をみると、自動車

からのセンサー情報を AI で解析することにより、渋滞や事故を少なくする道路の維持管理計画を策定することができ、社会全体としても交通機関からの CO_2 排出が削減され、地方の活性化にもつながることになります[2]。

　また、Society5.0 でインフラの更新、新設を行ううえで、さまざまな情報を含むビッグデータを AI で解析することにより、効率的で質の高いインフラを構築する i-Construction の実現が期待できます（i-Construction については第 3 章 3（1）参照）。

　一方、Society5.0 が新たな価値を創出する事例を防災面でみると、人工衛星、気象レーダー、ドローンによる被災地観測、建物センサーからの被害情報、車からの道路の被害情報等、さまざまな情報を含むビッグデータを AI で解析することにより、被害状況を踏まえ、個人のスマホ等を通じて一人一人へ避難情報が提供され、安全に避難所まで移動することや、救助ロボットにより被災者の早急な発見と被災した建物からの迅速な救助、ドローンや自動配送車などによる救援物資の最適配送、といった災害対策ができるようになります。

　このように、Society5.0 を防災面に活用することにより、社会全体として被害の軽減や早期復興を図ることが可能となります。

② インフラの維持管理と IT

（1）インフラ・イノベーション

　インフラの維持管理には専門的な知識やスキルを持つ技術者が必要ですが、そうした人材が不足の中で膨大なインフラの維持管理を行うためには、積極的にテクノロジーを導入、活用して、生産性の向上を図る構造改革を実施することが重要となります。

　しかし、経済の各分野のなかでインフラは、最もデジタルトランスフォーメーション（DX）が進んでいない分野の 1 つであるとされています[3]。

　これは、決してインフラとイノベーションとの相性が悪いというわけではありません。

　実際のところ、インフラの設計、施行、運営に導入することができるテク

ノロジーは次々と生まれています。そして、官民の協働により生み出される
イノベーションにより、インフラの世界においても第4次産業革命を実現す
ることができる大きなチャンスが存在します。

　政府が策定した未来投資戦略[4]においても、インフラの維持管理に携わる
人材不足、経験に依存した業務の非効率性と専門技術の承継の難しさといっ
た課題に対して、AI、IoT、ロボット等のIT技術を活用して、社会課題の解
決と経済発展との両立を実現した社会を目指す、としています。

　こうしたインフラDXは、老朽化するインフラの維持管理の分野はもちろ
んのこと、インフラの更新・新設の際の設計の分野においても、開発されて
います。

　本章では、「インフラDX戦略」によりどのようなテクノロジーが開発、活
用され、それがインフラの世界にどのような効用をもたらしているかを、多
くの具体例を織り込みながらみることにします。

（2）スマートメンテナンス

　スマートメンテナンスは、インフラの維持管理にITを活用して、人手によ
る点検、診断等の作業を削減する仕組みで、メンテナンス革命をもたらす原
動力となっています。

　人手によるインフラの点検は、目視と打音によることが多く、高所や暗所
等、危険な場所での作業となることが少なくありません。また、いかに熟練
の点検員であっても、細部や深部の不具合の兆候を見落とす恐れがあります。

　このようなベテランの経験に基づく判断やエクスパータイズに依存してき
た部分を見える化して、インフラの維持管理の高度化、効率化を目的に先進
のITを活用するスマートメンテナンスが台頭しました。

　すなわち、IoTを具備したセンサーやドローン、ロボット等を駆使してデー
タを収集、蓄積、それをビッグデータとして画像処理やAI解析で可視化した
うえで、実際の補修作業や、将来の不具合の予兆管理と補修計画の構築に生
かすことにより、予防保全策を適切かつタイムリーに講じるスマートメンテ
ナンスが活用されています。

　こうしたスマートメンテナンスは、安全で信頼性の高い点検作業、インフ

ラ保守の質的向上を通じて、インフラのパフォーマンスを高めるソリューションとして、今後、一段と発展することが期待されます。

③ スマートメンテナンスのケーススタディ

（1）IoT

❶ IoT、センサー

インフラが健全に機能しているか、劣化・損傷していないか、損傷の程度はどうか等の情報の収集に当たっては、IoT関連技術とそのコアデバイスとなるセンサーを活用して、インフラ設備の状態監視と維持管理を行うことにより、異常の迅速な検知、作業の省力化、コスト削減を推進する施策が各分野で広がりをみせています。

i　IoTの機能

IoT（Internet of Things、モノのインターネット）は、さまざまな物体（モノ）にセンサーやICタグ、送受信装置等を付けて通信機能を持たせたうえで、インターネットにこれを接続して通信させる技術、またはそうした技術を活用することにより提供されるサービスです。

IoTにより収集されるデータの分析、活用により、自動認識、自動制御、遠隔計測等を行うことが可能となり、新たな次元のネットワークが実現します。

そして、インフラ・テクノロジーのコンテクストでは、モノ（things）がインフラとなります。伝統的なインターネットの活用においては、インターネットの操作は人間がIT機器を操作することによりインターネットに信号が発信されるのに対して、IoTによるインターネット活用では、人間を介することなくインフラ自体がインターネットに信号を発信します。

ii　IoTを構成する要素

IoTは、次の3つの要素によって構成されます。そして、3つの要素のすべてにおいてイノベーションが大きく進展してIoTの機能が向上するとともに、IoTが幅広い分野で活用されるようになりました[5]。

a.　センサー

インフラに付けられているセンサーがインフラの状態、動きを把握してそれをデータにします。そして、そのデータが小型、軽量の通信端末（通信モジュール）を通してインターネットに流されます。

インフラの状況を把握するセンサーは、目覚ましい技術進歩から通信機器の能力向上とともに超小型化が可能となり、インフラの機微に亘る部分にも簡単に組み込むことが可能となりました。

b.　ネットワーク

センサーが把握して通信モジュールを通して流されるデータは、ネットワークにより、インフラ管理者のコンピュータシステムに送信されます。

IoT ネットワークでは、高性能の通信速度が求められます。4G に続く 5G（第 5 世代移動通信システム）は、こうした IoT ネットワークの要件に応えることができる通信速度を具備しています。すなわち、5G の最大通信速度はタイムラグがほとんどなく精緻な遠隔制御がリアルタイムで可能になります。また、5G は多数のデバイスを 1 回線に接続することができる特徴を持っており、大規模な IoT ネットワークを構築することができます[6]。

c.　コンピュータシステム

インフラが発信したデータは、コンピュータシステムによって分析、処理され、必要となる対策の材料を提供します。

コンピュータシステムでは、ビッグデータとクラウドのテクノロジーが相俟って進展して、インフラが発信する複雑、多様なデータをスピーディかつ低コストで処理することが可能となっています。

ⅲ　IoT の活用

IoT によって、インフラの状況を遠隔監視して老朽化等の状況を把握したうえで、必要な補修等を迅速に行うことが可能となります。

a.　環境の把握

センサーが設置されたインフラの周辺環境を把握して、温度、湿度、気圧、照度等のデータを採取します。

b.　動きの把握

センサーが設置されたインフラの周辺の動きを察知して、振動、衝撃、転倒、落下等のデータを採取します。

c.　位置の把握

センサーで位置を把握して、通過、近接、存在のデータを採取します。

iv　IoT と AI の活用

IoT により収集されたデータを有効活用するためには、AoT（Analytics of Things）が必要となります[7]。

AoT は、IoT が収集したデータを分析して、それをもとに何らかの措置を講じるというように、データを有効に活用する手段です。そうしたアクションには、数値が一定のレンジを飛び出した時に警報を発するとか、インフラの稼働に支障が発生した場合に警報を発する等、単純なものから、インフラが変調を来たした場合にその内容に応じてどの部品をどのタイミングで補修することが必要であるかを知らせるという複雑なものまであり、こうしたケースでは、AI を活用した AoT が必要となります。

CASE：東京ゲートブリッジの IoT

2012 年に建設された東京ゲートブリッジでは、橋梁に 50 個を超えるセンサーを取り付けて、ひずみや振動、変位など 1 秒あたり数千のデータを測定・分析しており、リアルタイムで異常の検知を行っています。

これは、NTT データがデータ解析技術を基に、大学や首都高速道路と共同で開発した道路橋に発生した異常を継続的かつリアルタイムに検知するモニタリングシステムである BRIMOS：（BRIdge MOnitoring System）を導入、活用したものです[8]。

このシステムは、道路橋に設置した光ファイバーセンサーから橋桁および橋脚の段差、間隔、振動、傾斜等のデータを連続的かつ継続的に収集、解析することにより、道路橋の異常や損傷を検知する機能を担っています。

また、光ファイバーセンサーや監視カメラの映像情報から車両重量を推定するとともに車種判別を行って、道路橋の疲労損傷の主な要因となっている

車重、車種の通行データを自動収集します[9]。

　こうした機能により、地震発生時にリアルタイムで異常が検知してそれが道路管理者ビルの設置端末に表示されて、即座に通行停止等の措置が可能となります。また、平常時の重量車両交通状況を蓄積したデータは、今後、経年劣化の予測等に活用することができます[10]。

CASE：水道管の漏水監視センサー

　日本の水道管理を国際比較でみると、漏水率は東京が3％とパリの5％、ロンドンの27％等と比べて非常に低い水準を保持しており、漏水マネジメントをはじめとする質の高い水道サービスが提供されています[11]。しかし、多くの水道設備で老朽管が急速に増えることが確実であり、水事業者にとって、水道管の漏水は深刻な問題となっています。

　水道管は、地下に埋設されているため、目視やカメラによる監視は難しく、従来は主として熟練の保守員が漏水探知機を使って路上から漏水音を耳で確認する作業を行っていました。

　しかし、このような作業では熟練した知識と経験が必要なうえ、広範囲にわたる水道管をスピーディにチェックすることは困難で、軽度の漏水が発見されないことも少なくない状況でした。

　こうした課題のソリューションとして、NECでは、センサーを活用した漏水監視サービスを開発しました[12]。これは、水道管に約200mの間隔でセンサーを取り付けて漏水特有の振動をとらえ、無線ネットワークと公衆回線網を介してデータをクラウドに集約して、その解析結果から漏水個所をピンポイントで特定、それをアラームで知らせるものです。これにより、水事業者は事務所でwebの画面に表示された地図を見ることにより漏水の有無を常時監視すると共に、漏水地点を約1mの精度で正確に見つけ出すことが可能となり、速やかに対策ができるようになります。

（2）AI

❶ AIとディープラーニング

　AI（Artificial Intelligence、人工知能）は、知的なコンピュータプログラム

を作るテクノロジーで、AIによって人間が行う各種問題のソリューションを見出す作業や、画像・音声の認識等の知的作業を行うソフトウェアを作り出すことができます。

　AIでは、機械学習（machine learning）と呼ばれる技術が活用されることが一般的です。機械学習では、大量のデータをもとにしてコンピュータに学習を行わせます。そして、コンピュータは、そのデータのなかから一定の法則を見出して、その法則を活用することにより、データの分類や予測を行います。

　さらにAIは、ディープラーニング（deep learning、深層学習）と呼ばれる技術革新により、その活用が大きく進展しました[13]。ディープラーニングは、機械学習の一種で、データの分析を繰り返して行うことにより、高次の分析を可能とする人工知能です。

❷ 従来の機械学習とディープラーニングの違い

　従来の機械学習とディープラーニングの違いを画像認識でみると、従来の機械学習では、人間が対象物を認識するための輪郭、対象物を認識するための局所の明暗差等の構造データを用意して、これが何を意味するかを分析し、対象物ごとに何が特徴であるかを人間が指定してプログラムにする、というように人手の介在が必要でした。そして、このように、対象物の面積、幅、長さ、明暗等の特徴を機械的に捉えたデータを特徴量といいます。

　一方、ディープラーニングは、

ⅰ　これまで人間が手作業で行ってきた特徴量の抽出をAIが行う、

ⅱ　AIが抽出したデータの分析を繰り返し行う、

ⅲ　ⅱの分析を繰り返し行うことにより誤差が極小化される、

　というように、これまで人間が行っていたことをすべてAIが行い、人間の介在を無くしました。そして、これによりAIの活用範囲が、音声認識等にまで拡大することが可能となりました。

CASE：AIを活用した橋梁メンテナンス[14]

　橋梁は5年に1回、定期点検を行うことが法律で義務化されています。しかし、老朽化橋梁の増加に伴う点検コストの増大や、橋梁についての専門知

識を持った熟練技術者の減少から、より効率的に維持管理を行うニーズが強まっています。こうした状況下、国立研究開発法人土木研究所では、急速な発展をみせているAI技術を活用して、メンテナンスサイクルにおける点検・診断・措置の信頼性向上に注力しています。

具体的には、土木研究所は共同研究者とともに次の開発に取り組んでいます。

①点検AIの開発：ロボット等による点検作業の補助や一部自動化を目指した診断に役立つ点検データの取得技術の開発。これにより、ひび割れや腐食等の変状の検出・識別を実施。

②点検AIによる画像解析の開発：ディープラーニングの画像解析技術を活用して、採取データの分析を行う点検AIを開発。

③診断AIの開発：AI技術により形式化した熟練技術者の暗黙知や、既往の点検データを基に診断ロジックを可視化し、技術者の判断支援を行う診断AIを開発。

④データ基盤の開発：点検・診断・措置に関するデータを収集・保管・活用・更新する方法について検討を実施。

CASE：AIを活用した線路の点検

鉄道は、線路、線路のつなぎ目、電力源を引き込むパンタグラフ等、さまざまな機器類が100％の機能を発揮して初めて安全で効率的なインフラであるということができます。

こうした鉄道インフラを維持、管理して毎日、安全な運行を確保するには、多大の人員、コスト、時間を要します。

ドイツの情報通信会社のSiemensとオランダの鉄道、道路等のインフラ・テクノロジー会社のStruktonは、ビデオアナリティックスとAIを活用して線路の状態を自動的にチェックするVideo Track inspectorを開発しました。

Struktonは、線路の状態を一旦、ビデオで撮影して、その後、これをスキャンして収集したデータをテクニカルエンジニアが分析するという手法でこれまで線路のチェックを行ってきましたが、こうしたステップを踏むと、非効率的でコストも時間もかかり、また見落としの恐れもあります。

そこで、Siemensが持つAI技術とStruktonが持つ鉄道インフラのノウハウ

を融合する形で、Video Track inspector の開発を行っています[15]。

　Struktonは、これまで何十年という長い期間に亘ってスキャンして蓄積した線路に関するデータを保有しています。そこでSiemens と Struktonは、こうしたデータをAIに記憶させたうえで、それを組み込んだビデオシステムを列車に取り付けて、自動的に、かつ精緻に現在の線路の状況を分析して、損傷を発見するという手法を開発しました。

　これは、いかなる天候でも、また、昼間、夜間を問わず正確に線路の状況を撮影、把握するアルゴリズムと、仮に損傷がある場合に、それがどの程度で、どのような予防措置を講じる必要があるかの情報を提供するアルゴリズムから構成されています。

CASE：AIを活用した道路の点検

　老朽化による道路の陥没やひび割れで通行規制になる事故が増加しています。こうした道路の劣化具合をドライブレコーダーとAIを活用して自動診断するシステムを導入して補修、保全に必要な予算不足や人手不足に対応するケースがみられます[16]。

　静岡県藤枝市が維持管理する道路は1,000km以上に及び、老朽化している箇所も少なくありません。同市の道路の路面点検は、市職員が月に1度、5日間かけて市内を回り、目視で道路状況を点検するという方式でしたが、ドライバーから道路の破損や崩落を指摘されてはじめて現場を把握して事後保全的な修繕を行うことも少なくない状況にありました。

　そこで、藤枝市は2019年にNECと連携して、NECが提供するドラレコを設置して走行することで、内蔵された加速度センサーが走行中の振動から道路の平坦性を測定し、クラウド上のAIが映像データから路面のひび割れを検知する実証実験に着手しました。この実証実験では、市道を管理する道路パトロール車だけではなく、細い生活道路にも入り込む介護福祉用の車にもドラレコを設置する等、市内全域を広く網羅して走らせるという工夫が行われています。

　この結果、3カ月間の走行で市内23路線を診断したところ、12路線で損傷レベルの高いひび割れを検出して、このデータを地図上に示すことにより路

面状況の見える化を実現しています。

CASE：AIを活用した滑走路の点検　✈

　和歌山県の南紀白浜エアポートでは、滑走路点検にドラレコ＆AIを活用する実証実験を行っています[17]。

　南紀白浜エアポートでは、幅45m、全長2kmの滑走路の点検を、業務経験がある職員が朝夕にパトロールカーで2往復し、落下物や亀裂・損傷の有無を目視でチェックしています。しかし、人手不足のうえに朝の点検は、8時30分からの空港運用開始までに点検を見落としが無くすべてを完了させるという時間との勝負となり、職員の負担が過大となっている状況にあります。

　そこで、空港職員が目視で実施している滑走路の日常点検を、ドラレコのAI画像認識による自動点検に置き換えて属人性を低減させた点検を可能にする取り組みが行われました。

　しかし、滑走路にはタイヤ痕のほか一般的な道路にはない排水溝が全面に入っており、一般道路用のAIがこれらを損傷として誤認識するという問題が発生しました。そこでNECは、パトロールカーの走行位置を微修正しながらデータ収集に工夫を加えるとともに、滑走路上にある亀裂や損傷の典型的な形や位置の情報と、検知結果にアラートを上げるかどうかの判断のフィードバックを基に、AIの学習精度を上げて、タイヤ痕や排水溝の誤検知をほぼ排除できるまでとしました。

　このように、画像認識の精度向上により軽度な亀裂をキャッチできるようになれば、重症化傾向にあるひび割れを優先的かつ早期に補修する予防保全の実施により、長期的なライフサイクルコストを大幅に削減することが期待されます。

CASE：AIを活用した下水道管の点検　𝕌

　米国では、下水道管の点検にAIを活用するケースがみられています。

　地下に埋設されている下水道管の定期点検は、漏水、管の破裂を防止するために水道業者にとって最も重要な仕事となります。水道業者では、従来はカメラを搭載した探査車を遠隔操作して下水道管内を走らせて管の内部を撮

影して、その結果を品質管理担当の技術者がチェックしていましたが、この方法では、手数と時間がかかり、また、見落としも発生することがありました。

そこで、インドのバンガロールを拠点とする大手IT企業のウィプロ（Wipro Technologies）は、インテルのAIを活用して自動的にビデオをスキャンして水道管の損傷の有無とそれがある場合の損傷度合いを把握、分析するソフトウェアを開発しました[18]。このソフトウェアを活用すると、AIが50に上る種類の損傷を発見することができます。これにより、技術者がビデオをみて損傷を見出す作業が無くなり、水道管の点検作業の効率が大幅に上昇することになりました。

70万の人口と年間2千万人が訪問するワシントン州では、1,800マイルに亘る下水道管を管理しており、補修時期の相違により下水道管の素材自体もさまざまなものとなっています。こうしたことから、州水道局は、下水道管の維持管理に多大なコストと時間を要する状況を解決するために、ウィプロが開発したAIによる下水道管のビデオの自動分析ソフトウェアであるPipe Sleuth を採用しています。

CASE：AIを活用したコンクリートひび割れの検出

1950年代の高度経済成長期に数多く建設された日本の道路インフラは、その後の交通量の増加や大型トラックによる荷重、渋滞の頻発から、ひび割れの発生を主因とする老朽化が進行しています。

このように、長期間に亘って過酷な環境に晒されたコンクリート構造物の表面状態は、傷、汚れ、雨水・排水による濡れ等の影響から、従来のひび割れ検出技術ではこれを正確に検出することが困難でした。

そこで、NEDO（新エネルギー・産業技術総合開発機構）等は、デジカメやスマホによりコンクリート構造物を撮影するだけで、表面に汚れや傷がある状態でも幅0.2mm以上のコンクリートひび割れを80%以上と、従来のソフトと比較すると圧倒的な高精度で検出するAIシステムを開発しました[19]。ちなみに、既存のひび割れ点検用の画像解析技術では誤検出が多く、正解率は12%程度でした。

　具体的には、ひび割れに特有のパターンを効率よく検出する画像解析技術と、特徴パターンを高精度に識別するAIにより、機械学習によるひび割れ検出システムの構築が実現しました。

　機械学習用のデータとしては、さまざまな状態にあるコンクリート構造物を撮影して多数のひび割れサンプル画像を作成し、このサンプル画像を教師データ（機械学習を行う場合の入力と結果をペアにしたサンプルデータ）として検出システムに学習させることにより、汚れや撮影状況の影響を受けにくいひび割れ自動検出システムを構築しています。

　この教師データは、厳寒の北海道から酷暑の沖縄まで日本各地のさまざまなコンクリート構造物のひび割れを撮影し、トレースすることにより収集したものです。

　そして、この技術をクラウド上に構築したシステムに実装することにより、現場でスマホ等の携帯型端末等から、いつでもどこからでも利用が可能となります。

　NEDOでは、これまで手作業とCADデータ作成の手間をかけて行われてきた検出や記録を、AIを活用して自動化するひび割れ点検支援システムを構築することによって、作業時間がこれまでの10分の1に短縮できるとしています。

（3）カメラ・画像処理 📷

　インフラの中でもコンクリート構造物のひび割れ・剥離・空洞といった内部劣化状態が、構造物の強度や安全性に大きな影響を与えることになります。

　現在、こうした内部劣化状態の検査には、足場を構築したうえで作業員が表面を叩くことにより発せられる反響音から異常を察知する方法がとられていますが、それには、作業員の熟練度が必要であり、また、足場を構築する費用も多大なものとなります。

　特に、橋やトンネル等の巨大な構造物は、人による近接目視、点検を実施することが難しく、ITを活用して点検を効率化するニーズがきわめて強い分野です。

　そこで、カメラやレーザーを活用して、構造物の点検を正確、かつ効率的

に実施する手法が開発されています。

CASE：ビデオカメラと画像データ解析技術を組み合わせた点検　📷□

　NECは、ビデオカメラで撮影した構造物の映像から、表面の微細な動きを把握して内部の劣化状態を推定するテクノロジーを開発しました。このテクノロジーは、ビデオカメラで遠方から撮影して構造物表面の状態を画像化することにより、ひび割れ・剥離・空洞といった対象インフラの劣化状態を簡単に調査可能にするものです[20]。

　具体的には、ビデオカメラを用いて得られた画像データを光学振動解析技術により劣化・変状展開図に変換して、設備の状態確認や劣化・変状特性を分析します。

　インフラ構造物には、車両通行等による外力によって、たわみやひずみといった変形が生じるものがあり、こうした外力が加わった際に生じる構造物表面の動きは、内部の劣化状態と関係があることが知られています。

　光学振動解析技術は、構造物表面の動きを精密に計測し、その動きの特徴から内部劣化状態を推定する技術で、この技術を用いることによって、構造物に近接することなくビデオカメラで撮影するだけで、構造物の劣化状態が調査可能となります。

　NECでは、こうして収集したデータをAIの機械学習にかけて、劣化の推移予測や、いつ、どこを補修するのが最も効果的かという計画を提示する等に展開することにしています。

CASE：インフラドクター[21]

　インフラドクターは、首都高グループが開発した道路インフラ等の維持管理システムです。

　インフラドクターは、レーザーを照射する3Dレーザースキャナーと高解像度カメラを専用車両に搭載して、道路や空港滑走路、鉄道のトンネル内壁といったインフラに対してレーザーを照射して得られた3次元点群データとGISを連携させることにより、異常箇所の早期発見、インフラの3次元図面作成、個別台帳で管理してきた図面や各種の点検・補修データの一元管理が

可能となり、インフラの点検の作業や維持補修計画の立案等の効率性を大幅に向上させることができるシステムです。

なお、GIS（Geographic Information System、地理情報システム）は、地理的位置を手がかりにして位置に関する情報を持った空間データを総合的に管理、加工し、視覚的に表示して、高度な分析や迅速な判断を可能にするテクノロジーです。

インフラドクターは、2017年から首都高速道路が運用を開始していましたが、2020年6月から鉄道施設の保守点検および管理作業の精度向上と効率化を目的に、伊豆急行線のトンネル検査に、鉄道版インフラドクターが導入されました。

従来の検査では、高所を含めたすべてのトンネルの壁面を近接目視点検して、異常が疑われる箇所の打音調査を行い、展開図を作成する等、多くの人手が必要でした。

しかし、専用計測車両を使った鉄道版インフラドクターが収集する3次元点群データや高解像度カメラの画像の解析により、トンネル壁面の浮きや剥離等の要注意箇所を効率的に抽出することができ、打音調査が必要な箇所の絞り込みが可能となりました。

この結果、近接目視点検に相当する検査日数は、15日程度から3日へ減少、検査費用も4割減少する等、点検作業の効率化、人手不足の解消およびコスト削減の効果を実現しています。

（4）ロボット

人が近づくことが困難なインフラの点検に、ロボットを活用するケースが増えています。

ロボットは、排水作業への対応、情報伝達、近接目視・打音検査の支援等、建設、生産プロセス、維持管理の各分野での活用が期待されます。

国土交通省と経済産業省は、橋梁・トンネル・水中の維持管理を迅速、的確に実施する実用性の高いロボットの開発・導入を促進することを目的として2014年から15年にかけて点検ロボットの公募を行い、現場検証を実施して2017年から実用性の検証に基づき要求性能の策定を進めています[22]。

ロボットによるインフラの維持管理は、次の3つの分野において行われています。

①橋梁維持管理用ロボット技術

i　鋼橋の桁の腐食、亀裂、破断、ゆるみ・脱落、防食機能の劣化、桁の添接部のボルトやリベットのゆるみ・脱落、破断について、近接目視の代替または支援ができる技術

ii　コンクリート橋の桁のひび割れ、剥離・鉄筋露出、漏水・遊離石灰、うきについて、近接目視、打音検査の代替または支援ができる技術・システム

iii　鋼橋・コンクリート橋の床版のひび割れ、剥離・鉄筋露出、漏水・遊離石灰、抜け落ち、うきについて、近接目視の代替または支援ができるか、点検者を点検箇所に近づけることができる技術・システム

②トンネル維持管理

トンネルの覆工、坑門等に発生した変状（ひび割れ、うき、はく離、はく落、変形、漏水等）に対して、近接目視の代替または支援ができる技術・システム

③水中維持管理

i　ダムのゲート設備の腐食、損傷、変形、堤体等のコンクリート構造物の損傷等、及び洪水吐き水叩き部の洗掘等について潜水士による近接目視の代替または支援ができる技術・システム

ii　ダムの貯水池の堆砂等の堆積物の状況について全体像が効率的に把握できる技術・システム

iii　河床の洗掘等について、全体像が効率的に把握できる技術・システム

CASE：橋梁診断ロボ

ジビル調査設計では、橋梁点検車が利用できない橋梁の近接目視点検を支援する橋梁診断ロボットを開発しています[23]。

このロボットは、トラスや歩道橋等、橋梁点検車の使用が困難な特殊橋梁

形式の点検に適しており、打音点検・クラック幅測定・点検障害物除去・狭隘部点検等、多彩な点検支援が可能です。

　また、点検員、診断員が橋面上で安全にロボットを操作することにより損傷の近接撮影ができ、ボルト部分の細かい箇所の点検も確実に実施する等、肉眼による近接目視以上の高精細なライブ映像を見ながら健全性の診断が可能となります。

　そして、IoT技術で現場の点検画像を事務所にライブ配信することにより、リアルタイムで現場と事務所とのやり取りができます。また、過年度の点検箇所を的確に把握することにより損傷データ取得と損傷進行性の判定を行う等、2回目以降の点検作業での経年変化を確認することが可能です。

CASE：トンネルの点検

　国土交通省は、2020年、道路トンネル点検記録作成支援ロボット技術について、北陸地方整備局管内の道路トンネルで評価試験を実施しました[24]。

　この実証実験では、片側交互通行や多車線区間における車線規制といったトンネル規制を実施することなく、時速30km以上で走行しながら車両に搭載したロボットによりトンネルのコンクリート壁面の変状の情報を展開画像として取得して、その画像からひび割れ幅等の把握が可能であるか、を検証しました。

　その結果、道路トンネル点検記録作成支援ロボット技術は、道路トンネルの定期点検において、知識及び技能を有する者が行う近接目視による場合と同等の健全性の診断を行う能力を具備していることを定期点検者が判断したうえで、活用できることとなりました。

CASE：河床、河川管理施設点検ロボット

　朝日航洋では、NEDOによる助成事業で、船型河川点検ロボットを開発しました[25]。

　この点検ロボットは、マルチビーム音響測深機が搭載された自動航行機能付きの遠隔操船が可能な水中点検フロートロボットで、河床や河川管理施設の点検を高度かつ効率的に行うことができるロボットです。

　現在、河床や河川管理施設の点検は、現地で調達した船にシングルビーム音響測深機を艤装して行う方法が一般的で、現地調達船に機器をセッティングするための準備時間がかかり、また、高度な解析ができないとか、計測作業に専門知識を要するという問題があります。

　しかし、このフロートロボットでは、直接進水が可能となり、陸上からの遠隔操作か自動航行で、安全かつ簡易な計測による現地作業の効率化が達成できることに加えて、高精度の水中3次元データを取得して高度な解析が可能となります。

（5）ドローン

　ドローンは、点検員による近接目視が困難な橋梁等の箇所における点検を可能とする機器として、インフラの維持、保守作業の効率化に大きな効果を発揮しています。

　なお、ドローン（drone）の名称は、第一次世界大戦中に開発された無線操縦の無人航空機のプロペラの風切り音が蜂の羽音に似ていることから愛称がQueen Bee（女王蜂）と呼ばれ、それとペアとなるオス蜂を意味するドローンと付けられた、といわれています。

CASE：壁を這うドローン[26]

　橋梁のメンテナンスの一般的な方法は、橋の上から作業用ゴンドラで降りたり、橋の下に足場を組んだりして、作業員が点検箇所まで行って近接目視しますが、これによると作業上のリスクに加えて時間もコストもかかります。

　そこで、富士通は、2018年にSIP（コラム参照）で鳥取大学チームとともに、江島大橋の維持・管理プロジェクトに参画し、新たな技術を提案しました。なお、江島大橋は、全長1,446mで、海面からの高さは最高44.7mにも達します。

　この技術は、ドローンを具備した点検ロボットシステムと、ロボットシステムで撮影した画像データをもとにして、橋梁の損傷を3次元のデジタルデータで記録・管理するというものです。

　空中を飛び回る通常のドローンでは、橋梁のヒビ割れや亀裂、金属部分の

錆び等の劣化状況の正確なデータが取得できないことから、点検ドローンは車輪を搭載した二輪型を採用しています。この二輪型ドローンを橋の側面に沿って這わせることにより、点検ロボットが接地面を漏れなく撮影できることから、0.1mm単位のヒビ割れや亀裂、錆び等の検知に成功し、人間による近接目視点検の代替可能な性能が実証されました。

また、ロボットシステムが撮影したヒビ割れ写真の画像やデジタルデータを組み合わせて、橋梁の現況をサイバー上に3Dモデルとして復元して、デジタルの世界で橋梁を点検する取り組みも行われています。

コラム　SIP

SIP（Cross-ministerial Strategic Innovation Promotion Program、戦略的イノベーション創造プログラム）は、2014年に内閣府が創設した国家プロジェクトです[27]。

SIPでは、内閣府総合科学技術・イノベーション会議が司令塔機能を発揮して、社会的に不可欠で日本の経済・産業競争力にとって重要な課題を、府省の枠や旧来の分野を超えた研究開発マネジメントにより、基礎研究から実用化・事業化までを見据えて一気通貫で科学技術イノベーションを実現することを指向します。

その研究開発計画の第1期では11項目の課題のうち、「インフラ維持管理・更新・マネジメント技術」と「レジリエントな防災・減災機能の強化」が、また、第2期では12項目の課題のうち、「国家レジリエンス（防災・減災）の強化」が取り上げられています。

【図表1】SIP における防災・減災機能の開発・強化策

項　目	内　容
インフラ維持管理・更新・マネジメント技術	インフラ老朽化による重大事故リスクの顕在化・維持費用の不足が懸念されるなか、予防保全による維持管理水準の向上を低コストで実現するとともに、継続的な維持管理市場を創造。
レジリエントな防災・減災機能の強化	大地震・津波、豪雨・竜巻、火山等の自然災害に備え、官民挙げて災害情報をリアルタイムで共有する仕組みを構築、予防力の向上と対応力の強化を実現。
国家レジリエンス（防災・減災）の強化	大規模地震・火山災害や気候変動により激甚化する風水害に対し、市町村の対応力の強化、国民の命を守る避難、広域経済活動の早期復旧を実現するために、衛星・AI・ビッグデータ等を利用する国家レジリエンス強化の新技術を研究開発し、政府と市町村に実装。

（出所）内閣府「SIP 研究開発計画第 1 期」、
「SIP 研究開発計画第 2 期」を基に筆者作成

CASE：球殻ドローン

　高所の橋梁点検等、入り組んだ環境では気流の乱れから、ビデオカメラを搭載したドローンを安定して飛行することは難しくなります。

　また、点検する対象物に接近するとプロペラが周囲の物に衝突して壊れる恐れがあります。

　こうした問題を解決するために、東北大学ではドローンの全周をカーボンパイプ製の球殻で守って、たとえ物にぶつかっても落ちない球殻ドローンを開発しています[28]。

　球殻ドローンの球殻は内側のドローンと独立して回転するため、物に衝突した時には外側の球殻のみが回転して、ドローン本体はバランスを保って飛行を続けることが可能です。

　また、球殻をタイヤのように使って点検対象の表面を転がりながら走行（飛行）して暗所でも50cmの近距離から高精細、鮮明な接写映像を撮影して0.2mm幅の損傷を抽出することができます。

CASE：下水管路の維持管理にドローンを活用

　横浜市の下水管路は12,000kmあり、そのうち設置から約30年を経過した下水管路は8,000kmに達しています。横浜市ではテレビカメラ車により年間120km相当の調査を行っていますが、全体からすれば年間1%の調査にとどまります。

　特に、内径が800mm以上ある中大口径管路に対しては、本来、技術者が下水管路内に入り目視による点検調査を行う必要がありますが、これにはゲリラ豪雨による急激な増水や、下水中の硫化水素による中毒、酸素欠乏症の危険性があり、目視調査が困難となっています。

　そこで、横浜市では、大学や下水道技術を持つ企業やドローン技術を持つ企業とドローンによる新たな点検調査方法の開発を指向して共同研究を進めています[29]。

（6）クラウド

　クラウド（クラウドコンピューティング）は、ユーザーがITインフラ、ソフトウェア、プラットフォーム等を所有することなく、インターネット経由でさまざまなITリソースを利用することができるサービスです。このようなサービスの提供方式をクラウドと呼ぶようになったのは、IT業界ではシステム構成図を描く際にネットワークを雲（cloud）のマークで表す慣習があったことに由来します。

　クラウドのユーザーは、データベースやアプリ等のソフトウェアやネットワークの構築・管理をデータセンターにアウトソーシングすることになり、この結果、システム構築・維持の手間と時間とコストを節減することができます。

　また、ユーザーは、パソコン、携帯、スマホ、タブレット端末等、さまざまな端末から、いつでもどこからでもネットワークにアクセスして、オンデマンドでサービスの提供を受けることが可能です。

コラム　クラウドの種類（図表2）

①ユーザーが利用できるIT リソースの種類

クラウドの名称	IT リソースの種類
SaaS（Software as a Service）	ソフトウェアを提供するサービス。ユーザーは、プロバイダーの提供するソフトウェアを利用することができる。
PaaS(Platform as a Service)	プラットフォームを提供するサービス。ユーザーはPaaSの活用によって、即座にOS、データベースやアプリケーション等のミドルウェアがセットアップされた環境を利用することができる。
IaaS (Infrastructure as a Service)	ITインフラを提供するサービス。ユーザーはIaaSの導入によって、自身で構築したITインフラを持つことなく、ユーザニーズに沿ったシステムを利用することができる。

②クラウドにアクセスできるユーザーの範囲

クラウドの名称	アクセスできるユーザー
パブリッククラウド	誰でもインターネットから利用できるタイプ。
プライベートクラウド	クラウドのシステムを閉鎖的ネットワークで構築して限られたユーザーのみアクセスできるタイプ。プライベートクラウドは、単一の企業向けのクラウドで、大企業により採用されることが多い。

（出所）筆者作成

CASE：クラウドの活用による港湾整備

　ブリスベン港は、豪州で最も急速に発展しているコンテナ港です。コンテナ運搬船は、世界的に大型化の傾向にあり、これにつれて、港への航路のキャパシティを拡大する需要が強まりました。そこで、港の運営当局は、次の2者択一を迫られました[30]。

　第1の選択肢は、海床を浚って土砂などを取り去る浚渫という伝統的な手法です。この方法は、コストがかかるだけではなく、環境にも害がある方法です。

　第2の選択肢は、クラウドを活用して海流、潮の干満、風流等をデータ化、先行き1週間の港湾の環境変化を予測して、それに応じて大型船の入港を誘導するという先進的な手法です。

　ブリスベン港の運営当局は、第2を選択しました。これによると、浚渫することなくコンテナ運搬船の受け入れキャパシティを拡充することができ、また、船舶の運航も安全にかつ弾力的に行うことが可能となります。

　運営当局は、水力工学と水文学を専門とする国際的なソフトウェア開発会社に委託して、この先進的な手法を導入することにしました。これは、クラウドを活用して天候、海流、潮の干満、波浪、風流等について何百万という計算を行ってビッグデータ化して、先行き1週間の港湾の環境変化を予測するとともに、入港予定の船舶の特性や運搬予定を把握して、それに応じて大型船の入港を誘導する手法です。

　これにより、ブリスベン港への大型船の入港の増加等、港湾の稼働率は劇的に上昇したほか、各船舶の入港可能時間をあらかじめ船舶運航者に通知することにより、船舶の航行スピードをエネルギー効率面から最適なスピードにすることができる等、環境面への効果を得ることができました[31]。

　こうしたブリスベン港への先進的なテクノロジーの導入が先例となって、その他の港についても運営当局が港のキャパシティの拡充を計画する際に、クラウドが効率的な手法として設計と意志決定の有力な材料とされています。

CASE：クラウドの活用によるトンネル・橋梁の点検[32]

　トンネル、橋梁の定期点検は、点検現場でのデータ収集もバックヤードで

の調書作成も、主にペーパーと手作業で進められていることから、業務を効率的に進めることができないという難点がありました。

そこで、OKI は大日本コンサルタントとの共創で、インフラ点検レポートサービスをクラウド対応とすることにより、紙からデジタルデータへ移行して、タブレット端末で収集した点検データの一元管理と規定様式の調書の自動作成を可能とすることで、一連の業務の大幅な効率化と品質向上を実現しています。

このインフラ点検レポートサービスを利用した業務フローをみると、事前準備として、現場作業時にタブレット端末で利用する構造物の図面を印刷したデジタルデータを作成します。次に、点検現場で目視や打音検査により変状、損傷をチェックして、タブレット端末を使ってデジタルデータにスケッチ、写真撮影、点検結果等を入力します。

そして、事後作業として、クラウド上で集計されたデータをもとに調書を規定様式で自動生成します。

こうした業務フローにより、調書の取りまとめ等の事後作業の効率が大幅に向上するほか、手作業による入力、転記ミスが解消されて内容の照査をする必要がなくなり、品質面の向上も達成しています。

(7) ブロックチェーン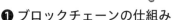

❶ ブロックチェーンの仕組み

ブロックチェーンは、取引データを記録する元帳がネットワークに繋がっているすべてのノード（パソコン等のコンピュータ）に分散して保存される分散型のデータベースです。

伝統的な方式は、すべての取引が中央管理機関を介して行われて取引データが集中管理される中央集中管理型であり、クライアント・サーバー（C/S）システムです。そして、中央管理機関は、自己が管理する取引データについて改ざんや2重取引がないか、正確性をチェックしたうえで、それを記録した元帳を手元に保有することになります。

これに対して、ブロックチェーンは、元帳が分散して保有、管理される分散管理型であり、P2P（Peer to Peer）システムです。すなわち、ブロック

チェーンでは、ネットワークに繋がった各peer（参加者）は、自分が取引したデータだけではなく、ネットワークに繋がっているすべてのノードの取引データを記録した台帳を持ちます。したがって、各ノードがすべて同一の内容の台帳を分散して持つこととなり、これを分散型台帳と呼んでいます。そして、取引が発生すると、その取引の正当性がチェックされたうえで、すべてのノードが持つ分散型台帳にその取引が追加記帳される形でアップデートされます。

　こうした枠組みの下、既存システムでは、中央管理機関が改ざんや2重取引がないことのチェックを行いますが、一方、中央管理機関が存在しないブロックチェーンではネットワークに繋がったノードを保有・操作するpeerが取引の正確性をチェックすることとなり、この点がブロックチェーンの大きな特徴となります。

　ブロックチェーンでは、ネットワークを介して行われる取引データが各ノードに保存され、保存された取引データの履歴のかたまりがブロックとなります。

　ブロックは取引台帳を構成する1ページであると考えることができ、時系列に繋がれていることからブロックチェーンと呼ばれます。そして、ブロックチェーン全体は、すべての取引を記帳した総取引台帳であると考えることができます。

❷ ブロックチェーンの特徴
i　データの不正改竄の阻止

　取引データの正当性の担保はデータを管理するうえで最も重要なポイントであり、この点に強みを持つことがブロックチェーンの大きな特徴となっています。

　一般的に、取引情報は集中管理が行われて、これによって取引情報の改ざんが防止され、取引の正当性が担保されています。

　しかし、ブロックチェーンは、取引履歴であるブロックがネットワークを通じてすべての参加者のノードにオープンとなっている環境下で、参加者が一定のルールのもとで取引データの検証を行って、取引の正当性を担保する

ことになります。したがって、ブロックチェーンは、外部の機関による仲介や認証がなくても、多くの参加者が管理者となり取引データが守られていることから、データを不正に改ざんすることが極めて困難な仕組みとなっています。

ⅱ　スピーディな取引執行

　ブロックチェーンでは、複製された分散台帳は迅速にアップデートされることになります。したがって、既存のシステムでは数日かかるデータ送信時間も、ケースによっては分単位、秒単位まで短縮する等、大幅に時間短縮を実現することができます。

ⅲ　低コストで堅牢性に優れたインフラ構築が可能

　これまでの伝統的な仕組みでは、データを中央集中管理するために、高価なハードウェアを具備するとかサーバーやストレージの冗長化を行う等、多大のコストと手間をかけて巨大で堅牢なシステムを構築、維持する必要があります。

　しかし、ブロックチェーンでは、ネットワークに接続している各ノードが分散管理を行うために、たとえネットワークに接続されているノードの中の一部がダウンしても他のノードで情報管理を行うことから、安定的なシステム稼働を期待することができます。ちなみに、ブロックチェーンを技術基盤としているビットコインの取引は、2009年の取引開始以来、時として膨大な取引件数が発生していますが、今日まで無停止状態を継続しています。

　このように、ブロックチェーンシステムは自動的に冗長化されており、堅牢なインフラ環境を構築する必要がない等、大量の取引データを記録、管理するコストを大幅に削減できるメリットがあります。

CASE：ブロックチェーンを活用した保守・点検保証記録[33]

　株式会社シーズでは、インフラの保守・点検のデータをブロックチェーンに記録するサービスを提供しています。これにより、保守・点検実施者、日時、作業内容、機器の正常・異常情報等の保守・点検データは暗号化され、セ

キュアな形で分散ストレージに補完されることから、データ喪失のリスクを回避して保守・点検のデータが保証記録でき、IoTデータと連動した安全性の高い品質管理も可能となります。

　具体的には、ブロックチェーンの特性からハッキングによる改ざんを防止することができ、また、作業記録や閲覧記録をブロックチェーンに記録しているため、保守・点検実施者が改ざんをしていないことの証明となります。

　さらにインフラに異常が発生した際には、各データに紐づいた履歴を遡及することにより、どこで異常が発生しているか、これまで作業担当者の誰が何を行ったか等のチェック、分析が可能であり、迅速な問題解決を行うことができます。

　また、大規模サーバーを用意することなく、分散ネットワークを活用することでブロックチェーンでの保守管理ができ、たとえネットワークに接続されているノードの中の一部がダウンしたとしても他のノードで情報管理を行うことから、システムの安定稼働が可能となります。

（8）人工衛星

　衛星データは、地上観測や航空機観測と比較すると、広範に亘る領域をカバーすることができる点に大きな特徴があります。

　日本では、宇宙航空研究開発機構（JAXA）等による地球観測衛星データや海外の政府機関による衛星データ、商業的な衛星のデータの提供が行われています。そうした衛星データをインフラの老朽化のモニタリングに活用するケースがみられています。

CASE：衛星SARによる地盤や構造物の変状を広域、早期に検知するモニタリング

　SIPプロジェクトの1つとして、衛星SARを活用して、インフラ劣化状況をモニタリングする手法の開発、研究が行われています。

　衛星SARは、合成開口レーダー（SAR、Synthetic Aperture Radar）を搭載した衛星です。なお、開口はレーダーの直径を意味し、合成開口は衛星が移動しながらアンテナ開口長を拡張させて受信電波を合成することによって高

分解能画像を得る技術をいいます。

　従来、SARのデータは、火山活動（火山の膨張や収縮）の監視や広域の地盤沈下の監視に活用されてきましたが、堤防やダム、橋梁（道路橋、鉄道橋）、港湾・空港施設の監視等のインフラの維持管理にも幅広く活用する途が開発されています。

　衛星SARのデータは広範に亘る領域をカバーすることから、複数の構造物のデータを含んでいます。また、SARでは、地盤の沈下や隆起を数センチ単位で発見することができます。

　SARの特徴は、マイクロ波を用いたアクティブセンサーにより雲があっても夜間でも地表を観測できることです。特に、雲を透過して撮影を行うことから、天候に左右されずに定期的に観測することが可能で、ビックデータとして活用することができる点が大きな強みとなります。

　これにより、現場への点検員の立ち入りや、交通規制、足場等の機材の設置が必要なくなり、費用の大幅節減が可能となります。

　SIPプロジェクトによる研究開発は、災害時の早期被害把握や平常時の効率的な構造物の変位モニタリングを可能にするとともに、災害時及び平常時におけるインフラのモニタリングをシームレスに行うことを可能にし、インフラの高度な維持管理に寄与することが期待されています。たとえば、全国約9,000kmに及ぶ河川堤防の変位を衛星SARによって把握、逸早く劣化部分を発見して、水があふれ出て堤防が崩壊する越水破堤を防止する効果が発揮されます。

　日本では、ALOS（だいち）とALOS-2（だいち2号）が稼働しています。これまで衛星を使った火山監視は100 m四方で状態を把握すればニーズは満たされましたが、河川堤防等の変状はより細かい範囲で把握することが必要で、JAXAでは、だいち2号のデータを自動解析して、変位の計測精度が最小3メートル四方のメッシュでミリオーダーという微小まで把握することができるシステムを開発しています。

　そして、こうした地球観測衛星を利用して日本国土を常時監視して取得したデータと地図情報や各種情報を用いて、構造物の沈下や変形、倒壊等の状況を分析・スクリーニングして、ITによりインフラの管理者である政府や自

治体等に配信します[34]。管理者はこれを受けて詳細検査の必要があれば航空機による観測や地上点検を行ったうえで、対策を講じます。

このような一連の対応で、インフラの老朽化対策の推進を図ることができます。

④　防災、減災インフラとIT

（1）インフラ・テクノロジーの活用

気候変動等による自然災害の多発に対応するためには、先進のテクノロジーを活用する施策が有効です。

また、災害データを収集、蓄積、統合してデータの基盤を整え、それを活用していくことも重要となります。

それには、地理的位置を手がかりにして位置情報を持った空間データを総合的に管理・加工して視覚的に表現したうえで、高度な分析や迅速な判断を行う材料にすることが必要です。

そして、このようなビッグデータに基づいて災害リスクを予測、評価したうえで、スピーディに初動対応を行うことが極めて重要となります。

ドローンや人工衛星、高感度のセンサーを具備したIoT、AI等の先進のテクノロジーは、こうした災害リスクのデータの把握、分析、評価、そして災害にいかに対応することが適切かのベストソリューションを提供する役割を担います。

（2）防災、減災対応のITプロジェクト

防災、減災にITを活用するさまざまなプロジェクトが進行しています[35]。

2019年の改正防災基本計画では、「情報通信技術の発達を踏まえ、AI、IoT、クラウドコンピューティング技術、SNSなど、ICTの防災施策への積極的な活用が必要」であるとする項目が改正内容として追加されています。

また、2019年の統合イノベーション戦略推進会議では、戦略の1つに国土強靱化（インフラ、防災）を掲げており、次の目標と取り組みを設定しています[36]。

①国内の重要インフラ・老朽化インフラの点検・診断等の業務におけるロボットやセンサー等の開発・導入

②国土に関する情報をサイバー空間上に再現するインフラ・データプラットフォームの構築

③近年多発する自然災害に対応した AI を活用した強靭なまちづくり

　以下では、研究開発が進行している各種 IT を活用した防災、減災プロジェクトを中心にみることにします。

⑤ 防災・減災 IT のケーススタディ

（1）人工衛星

　人工衛星は、台風や集中豪雨等の観測情報をより精密に、より早く提供する等、防災のための監視機能や、実際に災害が発生した際の被災状況を観察、報告するうえで重要な役割を担っています。

CASE：衛星画像データを活用した被災範囲の把握

　令和2年7月豪雨では、SIP で開発が行われているさまざまなプロジェクトが気象予兆情報を提供するという形で貢献しましたが、その1つに衛星画像データを AI が自動的に解析して被災範囲を即時に判読するプロジェクトがあります[37]。

　このシステムは、政府等が広域的な被災状況を迅速に把握し的確な初動対応を行うため、国内外の多数の衛星データを活用して、被災状況の解析を行う衛星データ即時一元化・共有システムです。

　令和2年7月4日早朝に九州南部で線状降水帯が発生し甚大な被害が生じたため、同日昼頃に地球観測衛星だいち2号の緊急観測が行われ、15時には AI が衛星データから浸水範囲を解析、同システムを通じて府省庁等の災害対応機関へ提供、その後も、新たに観測された衛星データや解析結果の一元化および共有が継続して行われました。

　この災害では大雨が多発したため、国際災害チャーター（災害発生時に地球観測衛星のデータを国際的に提供し合う枠組み）が発動され、17機の地球

観測衛星と連携して約120の解析結果が提供されて、発動時の観測エリアの設定においても本システムの洪水予測が貢献しています。

CASE：ひまわり8号・9号による気象衛星観測

　気象衛星観測は、2014年に打ち上げられたひまわり8号と2016年に打ち上げられたひまわり9号の2機体制で運用されており、現在、ひまわり8号が本運用でひまわり9号がそのバックアップの役割を担って待機運用（スタンバイ）しています。そして、2022年度を目途にひまわり8号に代わり、ひまわり9号の本運用が開始される予定です。

　ひまわりは、赤道上空約35,800kmで地球の自転と同じ周期で地球の周りを回り、いつも地球上の同じ範囲を宇宙から観測することができます。これにより台風や低気圧、前線といった気象現象を、連続して観測することができます。

　ひまわり8号・9号は、世界最先端の観測能力を有する静止気象衛星で、気象観測を行うことが困難な海洋や砂漠・山岳地帯を含む広い地域の雲、水蒸気、海氷等の分布を観測することができ、特に洋上の台風監視においては大きな威力を発揮する観測手段となっています。

　また、ひまわり8号から見える範囲の地球全体（全球）の観測を10分毎（日本域では2.5分毎）に行いながら可視合成カラー画像にして送信することにより、特定の領域を高頻度に観測することができ、台風や集中豪雨をもたらす雲などの移動・発達を詳細に把握することができます。

　ひまわり8号・9号は、こうした機能を発揮することにより、日本および東アジア・西太平洋域内の天気予報はもとより、台風・集中豪雨、気候変動などの監視・予測、船舶や航空機の運航の安全確保に活躍しています。

　なお、ひまわり8号のデータ量をみると、1日430GBと、ひまわり初号機の400倍、ひまわり7号の50倍となっています[38]。

　また、2018年初より、外国気象機関からリクエストされた領域に対して機動観測を行うサービスである「ひまわりリクエスト」を開始、概ね要請から1時間以内に観測を開始することにより、各国の災害リスク軽減に貢献しています。

　一般的に気象衛星は地球全体とか北半球というようにあらかじめ決まった領域の画像を撮るだけでしたが、ひまわりは範囲を自由に動かしながらその範囲だけを高頻度で観測する機動観測が可能であり、これにより台風の中心を追いかけて観測するとか、火山の噴火活動等を詳細に観察することができます。

　そして、2009年策定の宇宙基本計画により、台風・集中豪雨の監視・予測、航空機・船舶の安全航行、地球環境や火山監視等、切れ目のない気象衛星観測体制を確実にするため、2029年度（ひまわり9号が設計上の寿命を迎える時期）の後継機の運用開始に向け、2023年度を目途に、高密度観測等の最新技術を取り入れ、防災気象情報の高度化を通じて自然災害からの被害軽減を図る後継機の製造に着手することが決定されています。

CASE：日本版GPS衛星

　準天頂衛星システム「みちびき」は、内閣府宇宙開発戦略推進事務局が打ち上げた日本版GPS衛星です。みちびきは、2010年に第1号が打ち上げられましたが、その後、政府の宇宙開発計画で、2018年度から4機体制となり、また、2023年度を目途に7機体制にする予定です。この機数の増加は、ビルや樹木等で視界が狭くなる都市部や山間部でも、測位の安定性を向上することを目的としています。

　米国等が打ち上げているGPS衛星は地球全体を観測することを目的にした全球測位衛星システムですが、みちびきは日本における位置情報の把握を目的にした衛星です。したがって、常時、日本上空に滞空している天頂衛星システムが望ましいところですが、それは困難であることから、技術的に可能な限り日本上空を滞空するように楕円形の軌道をとる準天頂衛星システムに設計されています。

　みちびきは、いくつかの機能がありますが、その1つがメッセージサービスで、このサービスには、災害・危機管理通報サービスである「災危通報」と、衛星安否確認サービス「Q-ANPI」があります。

　このうち、災危通報は、防災機関からの地震や津波、洪水、火山噴火等の災害情報をみちびき経由で送信するサービスで、カーナビや携帯端末等での

利用を想定しています。

　また、Q-ANPIは、災害時においてみちびき経由で避難所に避難してきた被災者の安否情報や避難所の位置・開設の情報、および避難者数や避難所の状況を自治体等の防災機関に通知することによって、防災機関が避難所の状況を把握することができるサービスです。さらに、避難者が電話番号を登録することにより、近親者はインターネットを利用して電話番号を検索することができ、身内がどの避難所に避難しているかを把握することができる利用方法も提供しています。

（2）AI

　AIは、自然災害の事前予測、または災害発生時の情報収集、避難誘導等に活用されています。

❶ 機械学習の活用

　気象庁は、各種の注意報・警報や天気予報を発表しています。こうした気象庁の気象データが収集、解析、発表されるまでには、さまざまなITの活用によって気象情報・予報の信頼性の維持、向上が図られています。

　気象庁による予報は、次のプロセスを経て国民に伝達されます。

i 　各種の観測センサーや気象衛星等による気象観測により気象データを収集する。

ii 　収集した各種データをスパコンにより数値予想にする。

iii 　数値予想をAIの機械学習により予報をガイドする予報ガイダンスにする。

iv 　予報官が予報ガイダンスを取り込み、発表用の天気予報としての発表予報にする。

v 　発表予報は、関係機関や報道機関を通じて国民に伝達される。

　このうちiiiの数値予想を翻訳して予報ガイダンスを作成するプロセスにコンピュータの機械学習（machine learning）が活用されています[39]。

　機械学習は、大量のデータをもとにしてコンピュータに学習を行わせることによって、コンピュータが、そのデータのなかから一定の法則を見出し、その法則を活用することによりデータの分類や予測を行う、といったAI技術です。

予報ガイダンスで使われている機械学習は、ニューラルネット、カルマンフィルター、線形重回帰、ロジスティック回帰です。

a. ニューラルネット（neural network, NN）

人間の脳は、膨大な数の神経細胞から構成されていて、その神経細胞をニューロンといいます。ニューラルネットは、人工のニューロン同士を結合させて人間の脳の神経回路を模したネットワークを構築し、その結合の強さを学習させることにより予想誤差を最小化するモデルです。

ニューラルネットは、降雪量、雲、日照等の予測に用いることができます。

b. カルマンフィルター

予測値には多かれ少なかれ正確さを妨げるノイズが含まれています。そこで、先行きの予測値につきその実績が観測されたところで、その観測値をもとにして予測値を修正してノイズを除去します。カルマンフィルターは、こうした補正を繰り返しながら先行きの予測値の正確性を高める手法で、フィルターとはノイズを除去することをいいます。

カルマンフィルターは、米国工学者のルドルフ・カルマンによって提唱された方法で、気温、風、降水量等の予測に用いることができます。

c. 線形重回帰、ロジスティック回帰

線形重回帰は、量的変数を予測する手法で、たとえば降水量（24時間最大）、風速等の予測に用いることができます。

一方、ロジスティック回帰は、発生確率を予測する手法で、たとえば発雷確率、降水確率等の予測に用いることができます。

❷ ディープラーニングの活用

日本気象協会は、2019年にディープラーニング技術を活用して、細かい地域範囲の降水量を1時間単位で予測できる技術を開発しました[40]。

日本気象協会は、従来は気象庁から提供される気象予測データをもとに、20キロ四方の範囲の降水量を3時間単位で予測していましたが、ディープラーニングを活用することによって、5キロ四方の範囲を1時間単位へと、時

間・空間双方で予測可能となりました。

　これまでも降水予想の「空間」をAIで詳細化する手法はありましたが、統計的ダウンスケーリングにより予想の「時間・空間」の双方向を詳細化することができます。ここで統計的ダウンスケーリングは、広域の気象とローカルな気象との経験的、統計的関係を仮定して、その関係式に基づいて解像度の低いデータから解像度の高いデータへの変換を行う手法です。日本気象協会では、さらに1kmメッシュ・10分雨量といった時空間方向へのダウンスケーリングも可能となる、としています。

　また、これまで、詳細に降雨量を予測するためには高性能なスパコンが必要でしたが、ディープラーニングで画像分析を行う学習方法の1つである畳み込みニューラルネットワーク（CNN, Convolution Neural Network）を使うことにより、一般的なコンピュータでも予測の計算が可能となりました。

CASE：ダムの事前放流判断支援サービス

　日本気象協会は、2020年6月からダムの事前放流判断支援サービスの運用を行っています[41]。

　このサービスは、日本気象協会が開発したJWAアンサンブル予測を用いて事前放流の実施判断支援情報をwebとメールで提供するものです。なお、アンサンブル予測とは、予測に伴う不確定さを考慮することで将来の予測を可能にする手法です。

　JWAアンサンブル予測は、世界各国の気象機関が出す数値予測をもとに、独自の補正処理や、ディープラーニングを利用した時空間ダウンスケーリングにより、最大15日先までの1時間雨量・5kmメッシュに高精度化した降雨予測データです。

　これにより、従来までの5kmメッシュ・3時間雨量では表現できなかった強い雨域の位置や時間変化を予測可能となります。すなわち、時空間ダウンスケーリング手法を用いることで、多くの予測シナリオ（アンサンブル予測）に対して、短時間での時間的・空間的な高精度化が可能となります。そして、最大15日先までの予測情報であるため、雨が降り始めるまで十分な準備期間を確保し、余裕を持って事前放流の計画を立てることが可能となります。

令和元年東日本台風（台風第19号）では、台風が上陸する約4日前に51通りの予測シナリオを提供、この多くの予測シナリオで、関東付近に台風が上陸することが示唆されて、早い段階から台風によりもたらされる総雨量を確率的に評価することが可能になりました。

日本気象協会は、この技術開発を風の予測など雨以外の予測にも応用して、治水・防災・減災への取り組みに役立てることができる、としています。

なお、同協会では、AIを用いたアンサンブル降雨予測のディープラーニング時空間ダウンスケーリング手法を特許出願しています。

CASE：AI避難勧告システム

毎年というほど、深刻な風水害が発生しています。こうした災害に対しては、住民主体の取り組み強化による防災意識の高い社会を構築することを指向して、住民が自らの命は自らが守るとの意識を持って自らの判断で避難行動をとり、行政はそれを全力で支援するとの基本方針が策定されています[42]。

風水害は、[降雨→河川への流出→斜面崩壊→氾濫→浸水]と時系列に発生していく災害です。したがって、被害を起こす事象の発生までのリードタイムで適切に判断し、避難を完了することが重要となります[43]。

しかし、いかに熟練したスタッフでも限られた時間で、膨大に亘る気象情報・警報・雨量・水位観測情報の把握と関係機関への対応を行い、合理的な判断を下すことは、極めて困難です。

そこで、SIP（内閣府戦略的イノベーション創造プログラム）では、AIをはじめとするITと防災科学を融合させて、膨大な情報から判断を行うための支援システムや仕組みをAI避難勧告システム（市町村災害対応統合システム）として開発、実証実験を行っています[44]。

市町村災害対応統合システムは、次の3つのシステムで構成されています。

①避難判断・誘導支援システム

災害時に市町村長が住民に対して避難勧告・指示などを発令するための判断の際にビッグデータやAIを活用してタイムリーに発令エリアを設定できるよう支援するシステムで、市町村災害対応統合システムの中心となるシステムです。

　このシステムは、過去の災害データ、リアルタイムの気象データ、河川データ、それらの予測データ、人や自動車のリアルタイムデータ、水防団員からのデータ等、膨大な関連データを取得して、ビッグデータ分析・機械学習・ディープラーニング等のAI技術を活用して短時間で分析評価します。

　そして、地域特性を考慮したうえで、河川氾濫、内水氾濫、斜面崩壊、道路冠水の避難勧告等、発令判断の根拠となる信頼度の高いリスク指標として250m四方の区画単位で時々刻々と算出し、わかりやすく市町村の意思決定者に届けます。

　これにより、各種情報の収集、集約にかかる職員の手間と時間を省き、当面の対応や判断に集中できることになります。また、各種情報からの判断方法をAIによって支援することで、発令タイミングと対象地域選定を高精度化し、住民の安全かつ確実な避難に寄与します。

②緊急活動支援システム

　災害時における緊急活動を判断する情報を提供するとともに、災害に即した必要な人や物資の情報を提供するシステムです。

③訓練用災害・被害シナリオ自動生成システム

　リアリティのある多彩なシナリオを自動生成するシステムです。

　犠牲者ゼロをめざすためには、避難完了までの一連の流れに必要な対応や判断を、市町村職員も住民も事前に検討し、訓練し、その結果を振り返って、絶えず判断力・対応力を向上させておくことが必要不可欠です。また、緊急時に人がどのように行動するのかというデータを得て、災害に対して情報システムと人がどのように連携すれば、確実に被害軽減につながるのかを研究することが必要です。そこで、全国の過去の被災経験等のデータと、避難判断支援システムで集められる今後のデータをもとに、リアリティのある訓練を可能にする訓練シナリオを自動で作成する技術開発に注力しています。

　また、訓練結果を記録・整理し、判断や対応のタイミング・担当・連携などの計画を作成したり見直したりすることをサポートし、判断力・対応力を継続的に向上させるPDCAサイクルを確立することを指向します。

このAI避難勧告システムは、実証実験を経て、2023年春には社会実装版を完成させるとともに運用を管理する体制を構築して、2028年には全国約1,700自治体への社会実装を目指しています。

AI避難勧告システムは、次の5つのゼロを目指しています。

i　避難判断に必要な情報の欠落をゼロ

ii　避難勧告等の発令の出し遅れをゼロ

iii　発令単位の小エリア化等の合理化により住民の逃げ遅れをゼロ

iv　判断・対応力向上のための職員と住民の訓練体制の構築の対応ができないをゼロ

v　これらによりリードタイムがある災害における犠牲者をゼロ

（3）ブロックチェーン

すべての取引が中央管理機関を介して行われてデータが集中管理される中央集中管理型に比べて、ブロックチェーンは、データの不正改竄の阻止や、スピーディなデータ処理、低コストで堅牢性に優れたインフラの構築が可能である、といった特徴を持っています。

こうしたブロックチェーンが持つさまざまな特徴に注目して、防災面でもブロックチェーンを活用する動きが出ています。

CASE：ブロックチェーンの活用による災害支援金の支払いの迅速化

2017年に米国土を襲来した3大ハリケーン（カトリーナ、ウィルマ、リタ）の際に、国防総省の国防兵站局（DLA、Defence Logistics Agency）は、被災地の人々に対して多大な支援活動を展開しました。

そして、その後にプエルトルコで発生したハリケーン・マリアの支援活動を通じて、ブロックチェーンを活用すれば、より効率的に支援活動を行うことができるのではないか、として災害時におけるブロックチェーンの活用法を検討しました[45]。

こうした検討の中で、ブロックチェーンが持つ次の特性が、災害対策に有効であるとされました。

①同一のデータが多くのサーバーに収納、保管される分散型台帳であること。

②DLAにとって極めて重要なデータである支援物資の注文、配送の最新の動向がネットワークのすべての参加者間で正当性を証明されたうえで伝達されること。

③データに何らかの変更があった場合には、ネットワークの参加者は全員、それを知ることができ、透明性とDLAの取引の妥当性評価に資すること。

　現状のプロセスでは、データは1つの局に集中管理されており、他の局のスタッフがデータにアクセスすることは容易ではなく、また、関係者が持つデータを最新のものにアップツーデートするにも手数と時間がかかっています。

　DLAでは、さまざまな角度からの検討を経て、ブロックチェーンの活用により単に物資の支援だけではなく、さまざまな側面で災害対策に大きな役割を演じることができる、との結論に至りました。

　このDLAの検討結果を背景にして、FEMA（Federal Emergency Management Agency、米連邦緊急事態管理庁）のNAC（National Advisory Council、国家諮問委員会）は、2019年のFEMAに対する報告書の中で、ブロックチェーンを災害関連支援金の支払い迅速化のために活用することを勧告しています[46]。

　諮問委員会はこの報告書の中で、

①先進的なテクノロジーであるブロックチェーンは、金融界やサプライチェーンマネジメントに加えて、災害対策にも活用できる可能性がある、

②具体的には、ブロックチェーンの特徴は、分散型システムであり、極めて重要なデータが災害現場から隔離された形で信頼のおける安全なプラットフォームに格納されていることから、災害時においても迅速な復旧に大いに資することが期待される、

として、次のようにブロックチェーンを試験的に導入することを勧告しています。

ⅰ　プエルトリコのマリアやテキサスのハーベイといったハリケーン等、多くの災害の際に、住民が保険金や災害支援金等の支給を申請するために必要となる保険証や不動産登記書、身分証明書等を無くすというケースが頻発した。

ⅱ　災害が発生した時に保険金や災害支援金を受けるために必要となる不動産登記にブロックチェーンを試験導入することにより、正確に、かつ詐

欺行為のリスクを防止して、住民に迅速な保険金や災害支援金の支給を行うことができる。

ⅲ また、災害危険地域の住民が迅速に避難するための費用を賄うことができる支援金等を手に入れるようにするために、FEMAが保険会社と連携して、連邦政府が災害警報を発令した時や、災害の危機が目前に迫っている時を、保険金支払いないし災害支援金支払いを開始するトリガーポイントにすることを勧告する。

CASE：ブロックチェーンの活用による災害時の救援物資の配給円滑化

地震や台風等の大規模自然災害が発生すると、被災地では、医療品、食料、飲料水、衣料、燃料等が不足して、これに対応するために、政府やNGO、医療関係者、企業、個人のボランティアがさまざまな物資を提供します。

しかし、災害時の混乱で必ずしも現地で必要とされる物資が必要量だけ迅速に届けられる、という保証はありません。実際のところ、現地のニーズと供給側の提供物資とのミスマッチが発生することが少なくありません。

ここでの問題は、物資の供給自体が不足しているのではなく、効率的に必要な救援物資を適所に届けるロジスティックスの不全にあるのです。

そこで、独ソフトウェア会社のSAPではブロックチェーンを使って、公的機関や民間部門の主体が、災害で最も救助が必要とされる地域に最も強く求められている物資を、最短のルートで最速に届けるシステムを開発しています[47]。

これは、ブロックチェーンの分散型オープンプラットフォームの特徴を生かして、公的当局、民間の支援団体、物品販売業者、医療サービス提供者、運送業者が、共通のデータをもとにして、最も効率よく支援物資を被災者に提供することを可能にするシステムです。

具体的には、スマホのアプリで、被災サイドがどのような救援物資をどのくらいの量、必要か、また、供給サイドがどのような救援物資をどのくらいの量、提供できるかを登録します。ブロックチェーンの利用から、こうしたデータは、改竄が困難で、信頼性の高いデータがネットワーク上を流通することになります。

　そうすると、ブロックチェーンで構築されたサプライチェーンのネットワークで、自動的に必要物資を最短ルートで届けることができる提供者が割り出されて、その提供者のスマホに連絡があります。その連絡に対して、提供者が OK すれば、そこでマッチングが成立して、例えば、飲料水のサプライヤーとヘリコプターの運営会社が連絡を取り合って飲料水を運送する等、最も効率的な方法で救援物資が被災地に届けられることが可能となります。

CASE：ブロックチェーンの活用による災害時の安否確認

　株式会社電縁では、ブロックチェーンを活用した災害時の安否確認サービス・アプリを getherd office（ギャザードオフィス）の名称で提供しています[48]。

　災害時を想定した安否確認サービスは、大企業を中心に普及が進んでいますが、getherd office は、ブロックチェーンを使用することにより次の特徴があるとしています。

i 　東日本大震災の際に、携帯キャリアのメールサーバーに過度の負荷がかかり、メール配信に大幅な遅延が発生しましたが、ブロックチェーンを使用する getherd office では、複数のノードに安否情報を記録することから特定のノードに過度の負荷がかからないため、安定したサービスの提供が可能です。

ii 　ネットワークにつながっているいくつかのノードが被災しても、一部のノードが被災を免れれば安否確認サービスを継続して提供することが可能です。

iii 　ブロックチェーンアドレスを宛先として使用していることから、プライベートで使用するメールアドレスを会社に提示する必要はありません。

iv 　ブロックチェーンを使用することで、サーバーの冗長化等が不要となり、開発・運用コストを抑えて、中小零細企業でも手軽に導入できるシステムです。

（4）SNS

新型コロナへの対応が求められる状況下で大規模災害が発生した場合、避難所において 3 密を回避する等、コロナ対策を実施する必要があります。

一方で、大規模災害においては、市民の自発的な避難所的集まりが多数発生しますが、自治体等ではこうした自発的避難所を十分に把握することができず、コロナ対策も不徹底になる恐れがあります。

そこで、SNS を活用して新型コロナ対応下での災害時の避難支援を行うケースがみられています。

CASE：防災チャットボット[49]

SIP では、防災科研等と協力して、個人が避難や活動に必要な情報をスマホ等での対話システムを介して入手・提供できるようにすることで、迅速・確実な避難を実現するとともに、その情報に基づいて災害対応機関の業務を効率化する対話型情報流通、防災チャットボット SOCDA の研究開発を進めています。

この SOCDA は、まず、大規模災害時に市民が自発的に設置した避難所を把握して、コロナ対策に関する情報伝達を徹底すると同時に、自治体からのコロナ対策支援をより円滑に行うための基礎データを可視化して提供することにより、自治体による対策の検討、分析を可能とする機能を担うことになります。

SNS は、リアルタイム性が高いことから災害時で活用することができる有力なツールとなります。しかし、情報量が膨大であることからその中から真に求められる情報を抽出する必要があり、また、デマ情報も混在するため、その信憑性を見極める必要があります。

そこで、情報通信研究機構では、twitter を対象とした 2 つの災害対応支援システムを研究開発しています[50]。

その 1 つの DISAANA は、対災害 SNS 情報分析システムです。これは、twitter 上の災害関連情報を AI によりリアルタイムで掘り下げて分析・整理して、状況把握・判断を支援し、救援、避難の支援を行う質問応答システムで、tweet してから 5 秒で分析結果を提供することが可能です。

　このシステムは、熊本地震の際、首相官邸で活用されて、刻々と変化する被災地のニーズをリアルタイムで把握して熊本県へ伝達、指示するという機能を発揮しました。

　もう1つのD-SUMMは、SIPの支援を受けて研究開発した災害状況要約システムです。D-SUMMは、twitter上のほぼ同じ意味の被災報告をAIによりカテゴリー毎・自治体毎に整理、集約し、コンパクトに表現することにより、災害状況の把握を容易とする機能を発揮します。

　このシステムにより、平成30年北海道胆振東部地震の際に抽出した報告のうちの過半数が停電の報告であることから、災害発生直後15分でほぼ全道的に停電になっていることが確認できたほか、災害発生後1時間半で厚真町、札幌市での被害報告が目立つことを把握できました。

CASE：災害SNSデータからの災害発生の推定[51]

　SNSで流れる多くのtweetには災害に関するものも含まれます。しかし、SNS上の発言には噂や伝聞も含まれています。そこで、富士通では、ビッグデータ分析技術を応用して、災害に関する種々雑多なSNSデータの中から、直接目撃した情報を抽出するだけでなく、発言場所を推定、さらには発言件数の変化を検知することで災害の発生状況を推測する技術を開発しました。

　具体的には、

i 　まず、自然言語処理技術により冠水、浸水等の災害に関するキーワードを含む発言を収集します。

ii 　そして、収集した発言について確率モデルと機械学習を用いて伝聞情報を除去します。

iii 　次に、駅・交差点・ランドマーク等についての発言を分析することで、具体的な発災場所を推定します。

iv 　最後に、時間・空間的に集中して発言が増加しているといった情報をもとに異常を検知し、災害発生状況を推測、地図上に表示します。

　これにより、どの市町村で、どのような災害が、どのタイミングで起きているのかを見える化して、自分の町でいま起きているのか、隣町で起きているのか、早期対応する必要があるのか、といった判断を可能とし、災害対策

業務を支援することができます。

（5）IoT

IoT システムは、災害警戒区域や構造物を監視する目的に活用されています。

CASE：各種センサーの活用

集中豪雨による土砂災害を予告するために、各種センサー類を危険な場所に設置することにより、異常を検知したら、住民に避難を勧告する等の措置を迅速に行うことができます。

そうしたセンサー類には、斜面に設置されるワイヤーセンサーや転倒センサー、雨量計、温度・湿度計、監視カメラ等があります。

このうち、ワイヤーセンサーは集中豪雨や地震、火山噴火等により土石流や泥流が発生する恐れがある場所に電流を通したワイヤーを設置します。そして、実際に災害が発生した時にはワイヤーが切断され、通電が途絶したことを検知することにより警報が発出されます。

CASE：高層気象観測

上層大気の気象状態を正確に把握することを目的として、高層気象観測が行われています。高層気象観測機器には、ラジオゾンデがあります。

ラジオゾンデは、水素ガスを詰めた直径2メートルのゴム気球に吊るして飛揚し、地上から高度約30kmまでの大気の状態を観測する機器です。なお、ラジオは無線電波、ゾンデは探針を意味します。

ラジオゾンデには、気圧、気温、湿度、風向・風速等の気象要素を測定するセンサーと測定した情報を送信するための無線送信機が搭載されていて、人の手か自動装置で放球され、観測を終えるとパラシュートによってゆっくり降下します。

気象庁では、ラジオゾンデによる高層気象観測を、全国16か所の気象官署や南極の昭和基地と海洋気象観測船で実施しています。

ラジオゾンデによる高層気象観測で得られたデータは、天気予報の基礎である数値予報モデルや、気候変動・地球環境の監視、航空機の運航管理など

に利用されています。

（6）ドローン

2016年に発生した熊本地震や2020年の九州豪雨では、ドローンを活用して災害現場の状況の把握を行う等、災害時にドローンが活躍するケースがみられています。

こうしたことから、いくつかの自治体ではあらかじめドローンを所有したり、ドローンサービス提供会社と提携して災害発生時に迅速な情報収集と対策を打ち出すことができるように体制整備を図る動きがみられています。

また、国土交通省では、建設コンサルタンツ協会東北支部、東北測量設計協会とともに、2016年の台風10号のドローンを用いた被災状況調査を主な題材として、ドローンの撮影手法に関して得られた知見をまとめて、ドローンを用いた被災状況動画撮影のポイント集を発行しています。

CASE：国土交通省のドローン活用例

国土交通省は、災害発生時に次のようにドローンを現地の状況把握に活用しています[52]。

i　2016年：熊本地震で人が立ち入ることが危険な地区の土砂崩落現場における亀裂等の状況把握や、西之島周辺の噴火活動による地形変化の把握

ii　2017年：九州豪雨で河川における流木等の堆積状況の緊急調査

iii　2018年：豪雨で被害の全容把握が困難な愛媛県宇和島市吉田町における山腹崩壊の状況把握や、草津白根山の火山活動による噴火の状況把握

CASE：東京都足立区の災害時におけるドローン活用

足立区では、災害発生時に荒川の氾濫や北千住駅の混乱等、多くの被害が予想されます。

そこで、足立区は、ドローンサービス提供会社のドローン・フロンティアと災害時におけるドローンを活用した支援協力に関する協定を締結しています[53]。

この協定は、足立区内において災害が発生した際に、区はドローン・フロ

ンティアに対してドローンによる被災状況の情報収集、調査及び撮影した情報の区への提供を要請できることを内容としています。具体的には、災害時にドローン・フロンティアが事前に取り決めている地点よりドローンを飛行させて現場を撮影して、その映像をリアルタイムで区の防災センターに伝送、区はその情報をもとに迅速に災害対策を行う、というものです。

CASE：神奈川県大和市の防災ドローン

　大和市は、災害発生時に、上空から市内の被災状況を的確に把握し、迅速な災害対応を図るため、ドローンを市内消防各署に 2 機ずつと予備機 1 機の計13機を配置、また、40人の消防職員がドローンを操縦できる消防ドローン隊を編成しています[54]。

CASE：ドローンによる被災者の携帯電話位置の推定

　KDDI と KDDI総合研究所は、総務省より受託して、災害時に携帯電話サービスの利用が困難なエリアの一時的な復旧を目的として、ドローンに小型携帯電話基地局を搭載した無人航空機型基地局（ドローン基地局）を用いた携帯電話位置推定技術を開発しています[55]。

　自然災害時において、倒壊した家屋や瓦礫などの中にいる被災者の捜索は緊急性が高く、時間の要素が非常に重要となります。しかし、大規模災害などの災害発生初期の段階では、災害エリアの基地局も被害を受けることが想定され、一般的に被災者の特定が困難であるため、携帯電話の位置情報を収集することができず、被災者の早期発見に役立てることができないという課題があります。

　そこで、携帯電話のエリア外において、ドローン基地局による携帯電話からの信号（LTE もしくは Wi-Fi を利用）を捕捉し、携帯電話の位置を推定する技術が開発されました。具体的には被災エリア一帯にドローン基地局を飛行させて携帯電話から信号を受けるたびにドローンの位置を記録して、携帯電話のおおよその位置を推定することができます。

　この技術開発により、災害時に被災者の特定ができない状況でも、被災者が所持する携帯電話の位置を推定して、捜索活動を支援することが可能とな

ります。

　KDDI と KDDI 総合研究所は、自治体や救助機関に対してこの技術の活用に向けた詳細なヒアリングを行い、災害救助へ資することを指向しています。

CASE：ドローンと AR/MR グラスによる要救助者の発見[56]

　大規模災害が発生すると、多数の要救助者が発生します。要救助者の生存率を高めるには 72 時間の壁という限られた時間の中で一人でも多く救助することが重要です。しかし、ドローンが収集した情報はオペレーターが集約したうえで、タブレット等の端末や言語で関係者に伝達するという運用が主流であり、時間との闘いの中でより効率的な情報伝達の方法が求められています。

　そこで、ドローン開発会社のロックガレッジは、ドローンの熱赤外映像から抽出した人影を AR/MR グラスに立体投影して、要救助者の位置や状態を、言語等を使用せず直感的な視覚情報として救助隊員同士で共有できるドローンシステムを開発、実証試験を行い成功しています。なお、AR（Augmented Reality、拡張現実）は、現実世界とデジタル情報を重ねる技術で、MR（Mixed Reality、複合現実）は、仮想現実と現実空間をミックスさせる技術です。

（7）クラウド

❶ クラウドとデータセンター

　クラウドは、生活や経済を支える情報インフラとして機能するほか、大規模災害時における情報システムとして機能することが期待されています。

　東日本大震災では、津波で住民関連データを格納したサーバーが流されるとか、病院の患者データが流失するという事故が発生しました。こうした経験から、BCP（Business Continuity Plan、事業継続計画）の在り方を見直して、非常時に必要なサービスを迅速に提供することができる機動性や、データをバックアップする冗長性を具備するクラウドの活用が進められています。

　このように、クラウドは災害対応にも活用されていますが、それだけに自然災害やサイバー攻撃、システム障害、電力トラブル等でクラウドがダウンしたような場合には社会的に深刻な影響を及ぼす恐れがあります[57]。

こうしたことから、緊急時にクラウドが社会インフラとして期待される機能を果すためには、データセンターの機能を維持し、緊急時のニーズに有効に応えることができるよう、クラウドサービス自体のBCPの確立や、災害・障害発生等、緊急時の対応の優先順位付けの考え方の確立、クラウド間でのシステム機能のマイグレーション等、万全の対応策を構築する必要があります。

❷ データウェアハウスとデータレイク

クラウドのサービスを提供するデータセンターは、各種のデータを蓄積するデータストレージの機能を具備しています。

このデータストレージは、通常、データウェアハウスがその機能を担うことになります。しかし、データウェアハウスでは、データが構造化されたうえで格納されます。

これに対して、データレイクは、構造化データ、非構造化データを問わず、すべての種類のデータをそのまま未加工の形で一元的に保存して、かつそのデータをビッグデータ処理やAIによる分析等、さまざまに活用できるデータストレージリポジトリーです。

なお、データレイクの名称は、データを水にたとえて、水源においては濾過も特定の目的のために加工もされず、水がネイティブの姿で湖（レイク）に流れ込んで蓄えられ、そこからユーザーのニーズにマッチした形にデータ処理をして活用する、という意味を込めて付けられたものです。

データレイクの手法はビッグデータやAIにより、構造化データと非構造化データを結合して高度のデータ分析を行うニーズが強まったことを背景に生み出されました。データ分析の専門家は、データレイクを使用して、さまざまな形式のデータにアクセスして、迅速かつ正確にデータを分析することが可能となります。

こうしたことから、データレイクは、データの保管に大規模な総合リポジトリーを使用し、データを多様なユースケースで活用できるニーズを持つ企業の間で、データ管理戦略として普及しつつあります。

そして、データレイクの活用にクラウドを導入する例が増えています。これは、データレイクをオンプレミス（自社運用）のインフラとして構築するの

ではなくクラウドデータレイクにした場合には、時間とコストの節減のほか、クラウドの特徴であるスケーラビリティを享受できることによります。

コラム　構造化データと非構造化データ

構造化データは、たとえば企業の財務データ、株価、顧客情報、販売・在庫等の経理データ、POS（Point Of Sale、販売時点情報管理）データといった表形式でまとめられる数値データです。

構造化データの管理は、汎用のデータベースシステム等により簡単に行うことが可能です。

一方、非構造化データは、画像、音声、動画、web コンテンツ等、特定の構造定義を持たないデータです。

SNS 等のソーシャルメディアの普及と AI による分析の発展もあって、非構造化データは構造化データの4倍強となっています。非構造化データの分析によって、構造化データでは手にすることができなかった有益な情報を得ることができます。

CASE：被災の際のボランティアの管理とサプライチェーンの管理

地震や台風、洪水による災害があると、善意のサポートをしようと多くのボランティアの人達が現場に駆け付けます。

しかし、現場の受け入れ態勢が整っていないことから、折角のボランティアの人達も自己が持つ力を十分に発揮できないケースが発生しています。このようなケースは特にボランティアの人数が多い場合によくみられることです。

こうした問題を解決するために、クラウド型の災害支援管理システムが開発されています。

Tech Design 社は、スマレプの名称で、災害支援管理ツールを開発しました。このツールによると、災害時の支援要請を簡略化し、ボランティアの受付を iPad の活用で無人化、クラウド上で支援の数値管理を完結する等、平時

にも災害時にも活用できるシステムとなっています[58]。

　また、Tech Design 社は、Resilire の名称で、クラウド BCP サービスを構築しています。このシステムは、災害等の要因で発生する企業の事業停止リスクを最小にし、損害を軽減するリスクマネジメントプラットフォームです[59]。

　具体的には、地震、河川氾濫、停電、新型コロナウイルス等の被災状況について、公開 API 情報から自動でマップ上に可視化して、重要な拠点やサプライチェーンで、被害がある可能性があるポイントを把握することが可能です。また、製品毎のサプライチェーンの把握、管理や、社内全体の BCP の管理をすべてクラウドで行うことができます。

CASE：防災情報データレイククラウド

　非構造化データには、雨量や風速、温度等、防災に必要なデータが含まれています。たとえば、NetCDF(Network Common Data Form) の雨量データは毎分 1GB という膨大なデータになります。ここで NetCDF は、気温、湿度、気圧、風速、風向き等の気候データを取り扱う際の標準的なファイルフォーマットで、気象、海洋、気候変動等の分野で気候変動に関する政府間パネル(IPCC) をはじめとして国際的に幅広く活用されています。

　Oracle Cloud では、どんなデータが来ても対応できるインフラであるクラウドデータレイクを構築して、防災情報サービスプラットフォームで収集した膨大なデータから必要となるデータを抽出、加工したうえで、意思決定の材料となる情報へと統合することにより、現場で活用できるシステムを提供しています[60]。

　すなわち、Oracle Cloud では、Database Cloud Service、Big Data Cloud Service、Storage Cloud Service にあらゆる種類のデータを格納できるデータレイクを構築、また、すべての機能を単一のクラウドにまとめることも可能で、どのようなデータが来ても対応できるインフラである、としています。

（8）スーパーコンピュータ

　コンピュータの能力は、日進月歩の勢いで進歩しています。そして、各種の気象データの分析や津波の予想等にスーパーコンピュータが活用されてい

ます。

CASE：気象庁のスパコン

　気象庁は、気象衛星やレーダー等を駆使して各種の気象データを収集しています。そして、収集された観測データは、全国の気象台に配属されている予報官により分析され、先行きの予測、情報が作成されることとなります。

　気象庁では、COSMETSとの名称の総合気象資料処理システムにより、膨大な観測データの解析予測やその配信を行っています。この総合気象資料処理システムは、スパコンと気象情報伝送処理システムから構成されています。

　気象庁のスパコンの第1世代は、1959年に導入されましたが、その後のデータ量の増加に対応するために5〜8年毎に更新されてきて、現在は2018年に運用が開始された第10世代となっています[61]。現在のスパコンの性能は2012年導入のスパコンと比較すると約10倍の処理能力を持ち、また、1959年に運用を開始した初代スパコンと比較すると1兆倍以上の演算性能を持ち、一般的なパソコンを約18万台合わせた性能に相当します。

　気象庁では、このスパコンを活用して、引き続き数値予報や衛星データ処理を実施するとともに、台風の影響や集中豪雨の発生可能性をより早い段階から精度良く把握するための防災情報の改善や、日常生活・社会経済活動で幅広く利活用される各種気象情報の改善に取り組んでいます。

　具体的には、次の改良が行われています。

①降水15時間予報

　気象庁では、6時間先までの1時間降水量を約1キロメートル四方で予測する降水短時間予報を提供していますが、2018年から、従来の予測に加えて、7時間先から15時間先までの1時間降水量の予測を、約5キロメートル四方で提供しています。

　これにより、前日夕方の時点で、夜間から翌日の明け方にかけての台風等による大雨の予報を降水量分布図として提供できるようになりました。

②台風強度予報の延長

　気象庁では、従来、3日先まで発表していた台風の強度予報（中心気圧、最

大風速、最大瞬間風速、暴風警戒域の予報)を5日先まで延長しています。これにより、台風の接近が見込まれる地域では、より早い段階から効果的な防災対応が可能となります。

③メソアンサンブル予報システムの導入

メソアンサンブル予報システムは、メソモデルで行うアンサンブル予報のシステムで、集中豪雨や暴風などの災害をもたらす現象の予測に、複数予測の手法を取り入れるシステムです。

ここで、メソモデルは、全球モデルより細かい水平格子間隔5kmで日本とその近海の予測計算を行っており、数時間から1日先の大雨や暴風等の災害をもたらす現象を予測することを主要な目的としています。また、アンサンブル予報は、予報結果の誤差の拡大を事前に把握して、予測の信頼度を推定する手法です。

メソアンサンブル予報システムにより、例えば大雨や暴風など災害をもたらす激しい気象現象が発生する可能性について、一つのメソモデルの予測結果では把握できなくても、複数の予測結果を用いることによって、早い段階で把握することができるようになります。また、これまでは予測が困難であった可能性の低い激しい気象現象を想定できるようになりました。

コラム　数値予報

数値予報は、気象庁の予報業務の根幹となる手法で、物理学の方程式によって、気温、風などの時間的変化をスパコンで計算して将来の大気の状態を求める手法です。

数値予報は、数値予報モデルと呼ばれるプログラムを活用することによって求められます。数値予報モデルには、風を予測する大気の流れ、水蒸気の凝結による降雨、太陽光による地表気温の変化など、さまざまな現象が織り込まれています。

数値予報では、まずスパコンで計算しやすいように、大気を格子(grid)状

に区切り細分化したうえで、世界中から収集した観測データを使ってその各格子点の気圧、気温、風等の値を求めます。なお、こうした格子上に区切って求める大気の状態を数値予報GPV(Grid Point Value、格子点値)と言います。

　数値予報モデルで予測することができる気象現象の規模は、格子間隔の大きさに依存します。たとえば、格子間隔が20kmの全球モデルでは、高・低気圧や台風、梅雨前線等の水平規模が100km以上の現象を予測することができます。

　数値予報の精度は、数値予報モデルの精緻化、解析手法の高度化、観測データの増加・品質改善、数値予報の実行基盤となるコンピュータの性能向上によって、年々向上しています。

　気象庁では、最新のスパコンでさまざまな現象のシミュレーションを行うことによって各格子点の気温、風、湿度などの気象要素の推移を数値予報します。

　気象庁が運用している主要な数値予報モデルは図表3のとおりです。

【図表3】気象庁の数値予報モデル

種　類	予　報	予報領域と格子間隔	予報期間	実行回数
局地モデル	航空気象情報、防災気象情報、降水短時間予報	日本周辺2km	10時間	毎時
メソモデル	防災気象情報、降水短時間予報、航空気象情報、分布予報、時系列予報、府県天気予報	日本周辺5km	39時間	1日6回
			51時間	1日2回
全球モデル	分布予報、時系列予報、府県天気予報、台風予報、週間天気予報、航空気象情報	地球全体約20km	5.5日間	1日3回
			11日間	1日1回
メソアンサンブル予報システム	防災気象情報、航空気象情報、分布予報、時系列予報、府県天気予報	日本周辺5km	39時間	1日4回

種　類	予　報	予報領域と格子間隔	予報期間	実行回数
全球アンサンブル予報システム	台風予報、週間天気予報、早期天候情報、２週間気温予報、１か月予報	地球全体 18日先まで 約40km 18〜34日先まで 約55km	5.5日間	1日2回 （台風予報用）
			11日間	1日2回
			18日間	1日2回
			34日間	週4回
季節アンサンブル予報システム	３か月予報、暖候期予報、寒候期予報、エルニーニョ監視速報	地球全体 大気 約110km 海洋 約50〜100km	7か月	半旬1回

（出所）気象庁「主な数値予報モデルの概要」

CASE：津波等の大規模災害の予測

　東日本大震災をはじめとして、過去の経験則では想定できないような大規模災害が発生しています。こうした自然災害には、災害シミュレーションが有効な防災対策の手段となります。災害シミュレーションでは、地震、津波の規模、発生場所、時間等、さまざまな条件のシナリオを作って、被害発生の確率、規模等の総合的な予測を行う必要がありますが、シナリオが複雑となり、また、その数が増えるほどに計算負荷がかかり時間を要します。そこで、高能力のスパコンを活用することにより、リアルタイムで精度の高いシミュレーションを実行することが可能となります。

　NECと国際航業、エイツー、東北大、大阪大は、スパコンを用いて津波による浸水被害をリアルタイムで推計できるシステムを開発、内閣府がこれを総合防災情報システムの一機能として「津波浸水被害推定システム」に採用しています[62]。

　これは、地震発生後20〜30分で津波浸水被害を推定して配信する全自動システムです。

　現在、気象庁の地震活動等総合監視システム（EPOS：Earthquake

Phenomena Observation System）が地震発生後3分前後で津波に関する注意報や警報を出しています。

　一方、この津波浸水被害推定システムは予報ではなく、地震発生後20〜30分で津波が陸地を遡上した場合の浸水範囲、建築物・ライフライン・交通網の浸水状況、被災者の発生エリア・規模等をスパコンにより推計します。津波浸水被害推定システムは、スパコンを活用して膨大な演算を処理することができることから、南海トラフ地震発生時には、約6,000kmの沿岸を30m四方ごとのきめ細かい状況で推計することが可能です。

　東日本大震災では、津波による浸水被害の状況把握に時間がかかったため、多くの人命が失われましたが、このシステムで得られる浸水推計情報により、被害状況の把握と避難民の救援体制がスピーディに実施されることが期待できます。

　また、理化学研究所ではスパコンを活用して、地震・津波の統合的予測システムを、国や自治体等が防災や災害復旧に有効利用できるよう、実用化に向けて取り組んでいます。

（9）ロボット

　土砂崩落や火山災害等、人が立ち入ることができない災害現場の調査に、ロボットを活用するケースが増えています。

　政府の総合科学技術・イノベーション会議による持続的な発展性のあるイノベーションシステムの実現を目指すプログラムImPACTでは、さまざまなプログラムが実施されていますが、その1つに「タフ・ロボティクス・チャレンジ」があります。

　このプログラムでは、屋外ロボットの基盤技術の研究開発を推進して、極限の災害現場でもへたれず、タフに仕事ができる遠隔自律ロボットの実現により、未来の高度な屋外ロボットサービスの事業開拓への礎を築くことを目指しています[63]。

　このタフ・ロボティクス・チャレンジは、災害の予防、緊急対応、復旧にロボットを活用して、人間には不可能ないし危険な作業を行うとか、作業の迅速化、効率化を実現するロボットの開発を指向するものです。

　たとえば、「飛行ロボット」は災害広域情報や構造被害情報の収集、構造物・設備の点検を、「索状ロボット」は瓦礫内の検索を、「建設ロボット」は瓦礫の排除や災害復旧工事を行います。

　また、国土交通省と経済産業省は、人が近づくことが困難な災害現場の調査や応急復旧を迅速、的確に実施する実用性の高いロボットの開発・導入を促進することを目的として、災害調査、応急復旧といった災害対応を対象に2014年から15年にかけて災害対応ロボットの公募を行い、現場検証を実施し、2017年から実用性の検証に基づき要求性能の策定を進めています[64]。

　ロボットによる災害対応は、次の2つの分野において行われています。

①災害調査

i　土砂崩落または火山災害において、人の立入りが困難か人命に危険を及ぼす災害現場の地形の変化や状況を把握するための高精細な画像・映像や地形データ等の取得ができる技術・システム

ii　トンネル崩落において、人の立入りが困難か人命に危険を及ぼす災害現場の崩落状態及び規模を把握するための高精細な画像・映像等の取得ができる技術・システム

②応急復旧

　土砂崩落または火山災害において、人の立入りが困難か人命に危険を及ぼす災害現場の

i　掘削、押土、盛土、土砂や資機材の運搬等の応急復旧ができる技術・システム

ii　排水作業の応急対応ができる技術・システム

iii　遠隔または自動による機械等の制御に係る情報の伝達ができる技術

CASE：東日本大震災時のロボット活用

　災害時においてロボットがニーズに応じたパフォーマンスを発揮するためには、機械工学、電気工学、制御工学、情報処理等の知識と技術によってソリューションを導出する技術が必要となります[65]。

　東日本大震災時には、被災者探索、レスキュー、倒壊建造物内調査、プラ

ント・設備の調査・診断・修復、水中探査、復旧作業、被災地のマッピング等、多種多様なニーズに対応するロボットが導入されました。

　たとえば、工事を遠隔で行うための無人化施工機械や、原子炉建屋内の放射線量・温度・湿度・酸素濃度の測定を行うロボット、原子炉建屋の2階以上に上って測定を行うロボット、港の瓦礫の調査・ご遺体の探索・沖合の漁場や養殖場の調査を行う水中ロボット等が活用されました。

　もっとも、大規模災害では大量の異種ロボットを現場投入することになり、群ロボットを容易に操作する分散制御の遠隔操作システムの構築や、災害時の情報インフラの構築、ロボットを操作できるオペレーターの教育等の課題が指摘されています[66]。

CASE：災害対応ロボット[67]

　愛知工業大学では、遠隔操縦型移動ロボット Scott を開発しています。Scott は、熱画像カメラやガスセンサー等を搭載しており、オペレーターは、遠隔地から進行方向を制御するだけで段差や階段の踏破が可能な点が特徴です。

　また、Scott は、狭隘・閉所空間等、人のアクセスが困難な危険箇所での調査、点検作業が可能なように、屋外のフィールドでも使用できるよう、防塵・防水対応や機構部の堅牢化，メンテナンス性の向上が図られています。

　このように、Scott は平時の点検だけではなく、災害時の崩落箇所や、爆発、ガス漏れ、火災、有害物質の流出等の調査へも応用することができます。

CASE：応急復旧ロボット

　応急復旧ロボットは、土砂災害や火山災害の際、人の立入りが困難であるとか、人命に危険を及ぼす災害現場で、次の役割を担うことができるロボットです。

ⅰ　掘削、押土、盛土、土砂や資機材の運搬等の応急復旧
ⅱ　排水作業の応急対応
ⅲ　遠隔または自動による機械の制御に係る情報の伝達

　国土交通省では、2015年に雲仙普賢岳等において、応急復旧ロボットの実用化に向けた現場検証・評価を実施しました[68]。

　その結果、実際の災害時において活用を推薦できる技術が複数あり、今後、災害現場の調査や応急復旧を迅速かつ的確に実施するため、人による作業を支援する実用性の高いロボットの開発から導入まで一貫した取り組みを推進することが重要である、としています。

(10) レーダー

❶ 気象レーダー

　気象庁は、1954年に気象レーダーの運用を開始しています。

　気象レーダーで観測した全国の雨の強さの分布は、リアルタイムで豪雨、雷雲、雹等の突発的な気象現象や台風や梅雨前線の追跡、監視等の防災情報として活用されるほか、降水短時間予報等の作成にも利用されています。

　気象レーダーでは、アンテナから短い波長の電波を出して、発射した電波が雨雲にぶつかって戻ってくるまでの時間から雨雲や雪までの距離を測り、戻ってきた電波の強さから雨雲や雪の強さを観測します。

　また、戻ってきた電波の周波数のずれ（ドップラー効果、オーストリアの物理学者ドップラーが発見）から、降水域の風を観測します。観測できる範囲は、半径数百kmにも及びます。気象庁では、局地的な大雨の観測精度の向上を図るため、レーダー観測データの距離方向の解像度を250mに向上させています。

　レーダーの電波は空中を直進するため、進路上に障害物があるとその裏側には届きません。実際のところ、日本は山地が多いため、レーダーの設置場所によっては各レーダーが観測可能な範囲が地形の影響を受けます。このことを考慮して、気象庁は、現在、気象レーダーを全国20か所に配置して国土のほぼ全域をカバーするようにしています。

❷ レーダー雨量計

　国土交通省は、1976年に群馬県赤城山に雨量観測を目的としたレーダー雨量計を設置して以降、現在までに65基を全国に配置して、リアルタイムに面的な降水観測を行っています。

　レーダー雨量計は、落下する雨粒が大きいほど上下方向に潰れた形になる

性質を利用して、高精度に降水強度を観測しています。

　国土交通省では、レーダー雨量情報を XRAIN（eXtended RAdar Information Network、エックスレイン）と呼称しています。レーダー雨量情報は、250 m メッシュの高精度・高分解能で、配信間隔1分というほぼリアルタイムで配信されています。

❸ 解析雨量

　解析雨量は、上述の気象レーダーの観測データに加えて全国に設置されているアメダス等の地上の雨量計のデータを組み合わせて、1時間の降水量分布を1km四方の細かさで解析したものです。

　アメダスは雨量計により正確な雨量を観測しますが、雨量計による観測は面的に隙間があります。一方、レーダーでは、雨粒から返ってくる電波の強さにより、面的に隙間のない雨量が推定できますが、雨量計の観測に比べると精度が落ちます。そこで、両者の長所を生かし、レーダーによる観測をアメダスによる観測で補正すると、面的に隙間のない正確な雨量分布が得られます。

　解析雨量は30分ごとに、また、速報版解析雨量は10分ごとに作成されます。たとえば、9時の解析雨量は8時〜9時、9時10分の速報版解析雨量は8時10分〜9時10分の1時間雨量となります。

　解析雨量や速報版解析雨量を利用すると、雨量計の観測網にかからない局所的な強雨も把握することができ、また、災害発生リスクの高まりを示す土壌雨量指数、表面雨量指数、流域雨量指数の算出や、これらを用いた大雨・洪水警報の危険度分布を求めるためにも活用される等、的確な防災対応に役立てることができます。

❹ 降水ナウキャストと高解像度降水ナウキャスト

　気象庁では、目先1〜6時間までの降水の分布を1km四方の細かさで予測して、これを降水短時間予報や降水ナウキャストとして公表しています。

　降水ナウキャストによる予測には、レーダー観測やアメダス等の雨量計データから求めた降水の強さの分布および降水域の発達や衰弱の傾向、さら

に過去1時間程度の降水域の移動や地上・高層の観測データから求めた移動速度を利用します。

　降水短時間予報や降水ナウキャストは、通常1日3回発表される今日・明日の天気予報や天気分布予報とは異なり、短い時間間隔で発表されることにより、1〜6時間先までの降水の予測を可能な限り詳細かつ迅速に提供することを目的としています

　このうち、降水短時間予報は、数時間の大雨の動向を把握して、避難行動や災害対策に役立てることができます。

　一方、降水ナウキャストは、降水短時間予報より迅速な情報として5分間隔で発表され、1時間先までの5分毎の降水の強さを1km四方の細かさで予報され、数十分程度の強い雨で発生する都市型の洪水などの防災活動に役立てることができます。

i　高解像度降水ナウキャスト

　気象レーダーの観測データや全国の雨量計のデータ、高層観測データ等を活用し、降水域の内部を立体的に解析して、250m解像度で行われる降水の短時間予報を高解像度降水ナウキャストと呼んでいます。

　降水ナウキャストが2次元で予測するのに対し、高解像度降水ナウキャストでは、降水を3次元で予測する手法を導入しています。

　また、高解像度降水ナウキャストでは、積乱雲の発生予測にも取り組んでいます。地表付近の風、気温、及び水蒸気量から積乱雲の発生を推定する手法と、微弱なレーダーエコーの位置と動きを検出して、微弱なエコーが交差するときに積乱雲の発生を予測する手法を用いて、発生位置を推定し、対流予測モデルを使って降水量を予測します。

ii　記録的短時間大雨情報

　気象庁では、記録的短時間大雨情報の発表を迅速化させています。

　すなわち、気象庁では、数年に一度程度しか発生しないような短時間のいわゆる「ゲリラ豪雨」を雨量計で観測した場合や、雨量計と気象レーダーを組み合わせて解析した場合にその地域にとって災害の発生につながるような稀

にしか観測されない雨量になっていることを伝える情報として、記録的短時間大雨情報を発表しています。

　記録的短時間大雨情報では、気象注意報・警報と同様に、地域ごとの発表基準が設定されています。

CASE：線状降水帯対策　⚡

　近年、相次ぐ大雨の発生が甚大な災害を引き起こしていますが、その主な原因は線状降水帯であるといわれています。

　線状降水帯とは、次々と発生する発達した雨雲が列をなし組織化した積乱雲群となり、これが数時間にわたってほぼ同じ場所を通過または停滞することで作り出される線状に伸びる雨域をいいます。線状降水帯の長さは50〜300km、幅は20〜50kmで強い雨を降らせます。

　線状降水帯による水害、土砂災害から住民が確実に避難できることが重要であり、住民に対して必要なタイミングで必要な情報を伝達することにより、避難のリードタイムを確保して適切な避難行動の実施が可能となるようにする必要があります。

　そのためには、国が線状降水帯観測・予測システムを運用して災害の事前予測を行い、線状降水帯観測・予測情報を災害対応主体に提供することによって、市町村による避難エリアの指定や、避難勧告・指示のタイミングの判断等を支援することが重要となります。

　そこで、SIPでは、プロジェクトの1つとして線状降水帯の早期発生及び発達予想情報の高度化と利活用に関する研究を取り上げています。

　線状降水帯により発生する水害、土砂災害からの早期避難を阻む最大の要因は、事前に線状降水帯を把握できていないことと、それにより十分なリードタイムの確保ができないことにあります。したがって、このプロジェクトでは新たに観測と分析を組み合わせて線状降水帯を数時間から半日前に予測し、また、積乱雲の発達可能性を発生直前や発生後に予測する技術を開発しています。

　観測には、水蒸気ライダーという装置が使われます。水蒸気ライダーは電波の代わりにレーザー光を用いたレーダーで、レーザー光を上空に発射して

水蒸気分子による散乱光を観測することにより、大気中の水蒸気量を把握することを目的とします。

(11) 気象アプリ

現在、数多くのベンダーが無料で気象アプリをユーザーに提供しています。こうした天気予報アプリは、日本気象協会等が提供しているデータを利用しています。このような天気予報アプリには、Yahoo!天気、LINE天気、ウェザーニュースタッチ、ピンポイント天気、そら案内等があります。各天気予報アプリは、内容の充実度や見やすさ等を競っています。

CASE：tenki.jp Tokyo雨雲レーダー

日本気象協会は、SIPで開発された世界初の実用型気象レーダーのデータを活用したスマホ向けアプリであるtenki.jp Tokyo雨雲レーダーを公開しています[69]。

この気象レーダーは、30秒から1分で雨雲の高速三次元観測が可能な気象レーダーと雨量を高精度で計測できるレーダーの機能を合わせ持っています。

気象レーダーにより、上空の強い降水域をいち早く、正確に観測できることで、数分後に地上に到達する強い雨を事前に察知することができ、こうした急速に発達する雨雲の予測がアプリで最短1分ごとの更新で表示されます。

(12) スパコン、クラウド、AI、IoT等の融合による気象データの提供

民間気象情報会社は、スパコン、人工衛星、クラウド、AI、IoT、SNS等のITの特性を組み合わせる形で各種の気象データを提供しています。

CASE：IBMの気象予測

1997年、スパコンがチェスの世界チャンピオンを負かすという出来事がありましたが、このスパコンは、IBMと米国の国立気象サービスが、特定のユーザー向けに、特定の地域で、特定のタイミングで、特定の気象条件について、正確な気象予測を行うことを目的に開発されたもので、Deep Thunderとの名称が付けられています。Deep Thunderは、機械学習を行うモデルが

組み込まれており、この活用により気象がビジネスに与える影響を予想することができます。

　たとえば、正確な気象予測と特定のビジネスの動態分析を組み合わせれば、航空会社は飛行経路を機動的に変更することができ、飛行場は天候による飛行機の発着遅延を前広に把握することができ、搭乗者の混乱を未然に防止することができます。

　また、消防士は、特定の地点の風向き・風速や気温等の気象要素を正確に把握することにより、山火事を効率的に鎮めることができます。

　このように、特定の時点の、特定の地点の、特定の気象条件を正確に予想することにより、企業等は、それに備えて機動的に最適行動を選択することが可能となります。

　また、IBM は、2015 年に米国のウエザーカンパニー社を IBM の一部門として傘下企業にしています。ウエザーカンパニー社は、全世界 25 万カ所以上の計測点等から収集する膨大なデータを分析して、高精度の気象予報やさまざまな業界向けの気象関連サービスを提供する世界最大で最先端の商業気象会社です。ウエザーカンパニー社は、ウェブサイトとケーブルテレビを運営し、天気予報、天気図、気象関連ニュース、異常気象警報等の気象情報を発信し、また Facebook メッセンジャー向けの天気ボット・サービスを提供しています。ウエザーカンパニー社の Weather Channel は、世界最大規模のプラットフォームで、4 千万台のスマホから 1 日当たり 260 億件の問い合わせがあり、「米国の気象庁」ともいわれています。

　IBM は、こうした豊富なデータを持つウエザーカンパニー社を傘下に入れることにより、気象会社のデータプラットフォーム、IBM のグローバル・クラウド、AI、Watson（ディープラーニングを備えた AI として IBM が商品化したコンピュータシステム）のコグニティブ・コンピューティング（認識システム）能力、それに IoT プラットフォームを融合することにより、気象というダイナミックに変動するデータを収集、分析してユーザーに提供するビジネスモデルを展開しています。

　このうち、IoT については、10 万基を超える気象センサー、航空機や無人機、何百万台ものスマホ、ビル、さらには移動車両からのデータの収集とビッ

グデータの分析・活用が行われています。

　また、IBMのクラウドや業界コンサルティング、アナリティクスと、ウエザーカンパニー社の気象データや予測を組み合わせることにより、企業は気象が自社の業績へ与える影響の予想とその対策を有効に講じることが可能となります。

　その例を保険会社による活用でみると、米国では、雹による車両損害の保険金請求総額は毎年10億ドルを超えています。そこで、保険会社は、ウエザーカンパニー社の緊急気象予報サービスとIBMのアナリティクスを活用して、保険契約者のスマホ等に、雹が降る警報と車を避難するのに安全な場所を送信します。ここで、アナリティクスとは、データを解析してマーケティングやビジネスの意思決定に活用することを意味します。

　そして、これをみた保険契約者は、損害発生前に自分の車を移動することができます。これにより、保険会社は、年間で保険契約者1人当たり25ドル、総額で数百万ドルのコスト削減が実現可能となりました。

CASE：ウェザーニューズ社の気象予報

　ウェザーニューズ社は、日本の民間気象情報会社で気象予報業務の許可事業者です。同社では、当初、海洋気象の専門会社として船舶の最も安全で経済的な航路を推薦するビジネスを主体としていましたが、その後、気象サービスは、空、陸へと広がり、現在、世界約50カ国のユーザーを対象とする総合気象情報会社までに成長しています。

　ウェザーニューズ社提供の気象情報は、航海気象、航空気象、道路・鉄道気象、河川気象等、多岐に亘っています。

　ウェザーニューズ社では、気象庁から入手する気象データのほかに、気象観測衛星、気象観測用のレーダー、気温・湿度・日照・紫外線を観測するセンサー、個人からの情報提供等、独自の観測インフラを構築しています。

❶ 気象観測衛星

　ウェザーニューズ社は、2017年7月に同社2機目の衛星を打ち上げました。これは、2013年に北極海の海氷観測を目的に打ち上げた第1号機のリカバリー機で、世界中の海氷や台風・火山噴煙の光学観測のミッションを担って

います。

第2号機は、4台の観測波長の光学カメラを搭載して、この光学カメラを利用して、船舶の安全運航に影響を及ぼす冬期の渤海・セントローレンス湾や、夏期の北極海における海氷の分布の観測に取り組むとともに、台風の広がりや火山灰の拡散状況を撮影するのみならず、移動しながら撮影するステレオ撮影によって雲頂高度や噴煙の到達高度を割り出す立体観測を行います。

同社では、これらの観測情報を気象・海象の予測精度向上およびウェザーニューズ社の船舶・航空機向け運航支援サービスに活用しています。

❷ スマホからの情報提供の活用

ウェザーニューズ社は、個人から気象情報の提供を受けて、これを活用しています。個人からの気象情報の提供状況をみると、1日平均13万人からのウエザーレポートが収集されています。このウエザーレポートへの参加者は、台風シーズンには25万人まで増加します。また、ゲリラ雷雨を捕捉することを目的に、ウェザーニューズ社の携帯サイトの会員からの情報収集を行っています。

会員がこれに応募すると「ゲリラ雷雨防衛隊員」として登録され、事前に登録した地点を重点的に「感測」(肌で感じた感覚も含めて観測することからこのように表現しています)する役割を担います。なお、ゲリラ雷雨防衛隊に入隊して、空の報告を10日以上行った隊員には、オリジナルのポンチョがプレゼントされます。

ゲリラ雷雨の発生の可能性があると、ウェザーニューズ社から監視体制始動メールが届き、隊員は、現在の天気、雲のある方角、雲の成長具合、雷鳴の有無、そして肌で感じた感覚などを入力して写真と併せて送信します。ウェザーニューズ社では、隊員がスマホのカメラに映した雲の危険度を自動判定する独自の画像解析技術をバージョンアップして予測の精度をあげ、発生の30分前までにゲリラ雷雨の危険を通知できる施策を講じています。

ウェザーニューズ社は、こうした情報を解析することにより、観測機では捉えられない急速に発達するゲリラ雷雨発生の危険エリアを逸早く特定して、ゲリラ雷雨メールとしてユーザーに連絡するサービスを提供しています。

⑥ インフラデータの活用

（1）インフラデータとインフラＤＸ戦略

　インフラを計画的に維持管理、更新するためには、インフラに大きな損傷が発生して多大な費用をかけて補修する必要が生じるといった事後保全ではなく、損傷が軽微な段階でこまめに補修をして、インフラを長寿命化させるといった予防保全が重要となります。

　そして、維持管理のプロセスで膨大なデータが蓄積され、これを積極的に活用することで、維持管理に係るトータルコストの縮減・平準化を図ることが可能となります。

　たとえば、インフラの維持管理にAIを活用するケースが増えていますが、AIを有効活用するためには、実際のインフラの維持管理における種々のデータを入手、利用して、それらの間の膨大なデータの相関関係を AI に判断させることが重要となります。

　また、ストックされたデータベース資産を分析、利活用するとともに、広く民間に発信、共有することにより、インフラの維持、管理等の取り組みの高度化、効率化に資するインフラＤＸ戦略につながることが期待できます。

❶ ビッグデータ

　インフラを維持管理するために点検した結果、得られる劣化や損傷の状況等は、各インフラを管理、所管する主体間で共有することを通じて、情報のビッグデータ化を図ることが重要となります。

　ビッグデータは、大容量性（volume）、多様性ないし非定形性（variety）、リアルタイム性ないしデータの入力と出力の即時性（velocity）、正確性（veracity）という4つのVで定義されますが、そのいずれも、インフラの維持管理における種々のデータの利活用に重要なファクターとなります。

　すなわち、インフラの維持管理のプロセスで収集されるデータは膨大なものとなり（大容量）、また、そのデータの種類も単に数値だけではなく、さまざまな形や打音等がミックスされます（多様、非定形）。そして、収集、蓄積されたデータの分析に時間をかけることはできず（即時）、またその正確性が

求められます（正確）。

　こうしたビッグデータの収集、蓄積は、IoTセンサーの普及により、加速度的に進展をみています。

CASE：道路政策とビッグデータ

　道路政策におけるビッグデータの活用をみると、2015年にETC2.0が本格的に導入されたことにより、ETC2.0車載器の普及が進んでいます。これにより、道路交通の状況のビッグデータを収集する体制が構築されました[70]。

　そして、ETC2.0データを官民連携で活用する道路政策の検討が進められています。たとえば、外国人がレンタカーを利用することの多い空港周辺から出発するレンタカーを対象にETC2.0の急ブレーキデータを活用して、外国人特有の事故危険箇所を特定し、多言語注意喚起看板の設置や多言語対応のパンフレットでの注意喚起対策の取り組みが行われています。

　また、ビッグデータを活用して、生活道路における速度超過箇所や急ブレーキ箇所等の急所を事前に特定して、効果的な速度低減策を実施する等、科学的な道路交通安全対策が取られています。

CASE：地方路線バスとビッグデータ

　人口減少や少子高齢化により、地方の路線バス事業の経営状況が悪化して、公共交通ネットワークの縮小やサービス水準の低下が懸念されています。

　こうした状況下、国土交通省では、路線バス事業の経営を安定させて持続可能な地域公共交通ネットワークを再構築することを指向して、ビッグデータの活用による地方バス路線・ダイヤの再編や経営改善策を計画、経営革新を図るための支援策としています。

　具体的には、人口流動統計のビッグデータを活用したモデル地域におけるバス事業の経営分析の試行を行い、地方路線バス事業の経営革新ビジネスモデル実施マニュアルや、データ収集・分析ツールを提供しています[71]。

❷ スマートプランニング 👨‍🦽

i　スマートプランニングとは？

　スマホのアプリ等から取得された GPS データや Wi-Fi によるログデータ、土地利用データや交通施設データ等を基にしたビッグデータから、人の属性ごとの行動特性を把握して、施設配置や歩行空間等を変化させたときの歩行者の回遊行動のシミュレーションを実施しながら、施設配置や交通施策を検討する計画手法が試行されています[72]。こうした手法はスマートプランニングと呼ばれています。

　ビッグデータは、効率的、効果的な都市計画の策定にも活用されています。従来の都市計画では、公共施設等の立地を検討する際に、人口分布や施設の立地状況から、概ねの位置を決定するという手法を採っていました。

　しかし、IT の普及に伴うビッグデータの増大から、国土交通省では、より効率的、効果的な都市計画を行うため、人の属性ごとの行動データをもとに、利用者の利便性、事業者の事業活動を同時に最適化する施設立地を可能とするスマートプランニングを推進しています[73]。

　スマートプランニングは、中心市街地を対象として、便利でにぎわいがあり活力あふれる地区づくりを促進することを狙いとしています。

　この手法では、施設の立地を決定する際に、ビッグデータを活用して、どのような人が、いつ、何の目的で、どこからどこへ、どのような交通手段で動いたかという個人の移動特性を把握するとともに、施設配置や道路空間の配分を変えたときの歩行距離や立ち寄り箇所数、滞在時間の変化を検討します。

　個々人の行動データは、スマホや GPS ロガーを使って取得した GPS データや、民間がサービスとして提供しているスマホのアプリから取得した GPS データや Wi-Fi のログデータ等のビッグデータがあります。

　そして、こうして収集した行動データを用いて回遊行動の実態を把握するとともに、それに土地利用データや交通施設データを組み合わせて回遊行動の実態を表現するシミュレーションを構築します。

　最後に、シミュレーションを実施しながら、各施策を実施した場合の回遊行動の変化を評価して、中心市街地における機能配置や動線づくりを検討します。

　スマートプランニングにより、行政や民間事業者が、データに裏付けられた現状の姿を共有したうえで、最適な施設立地について検討を深めることができ、また、ワークショップにおける市民への説明の場においても、複数の立地案を定量的に比較した説明が可能となり、取り組みの成果の見える化や効果検証、継続的なモニタリングの促進が期待されます。

ⅱ　行動データの取得

　スマートプランニングの大きな特徴は、属性別の個人単位で目的地選択や経路選択の行動データをもとに最適な都市計画を検討、策定することにあり、そのため、個々人の移動の軌跡を詳細に追う行動データが必要になります。

　こうした人の移動を把握できるデータの収集法には、4種類あります（図表4）[74]。

【図表4】人の移動を把握できるデータの収集

種　類	内　容	取得方法	特　徴
パーソントリップ調査	統計精度を確保したアンケート調査	都市圏居住者に対するアンケート調査	・どのような人が、どこからどこへ、どのような目的・交通手段で、どの時間帯に移動したかを把握可能 ・ゾーン間の交通量の把握はできるが、移動経路の把握は困難
携帯電話基地局データ	携帯電話が基地局と交信した履歴から位置情報を取得	データ保有主体からデータを入手	・あるエリアに滞留している人数やゾーン間の流動を24時間365日把握することが可能 ・メッシュ単位での集計であり、移動経路の把握は困難
GPSによる観測	GPSを搭載した機器等により継続的に緯度経度情報を取得	・GP機器やスマホアプリ等を使用 ・データ保有主体からデータを入手	・緯度経度により移動経路を詳細に把握可能 ・屋内や地下では位置情報が取得できない場合がある

種　類	内　容	取得方法	特　徴
Wi-Fi アクセスポイントによる観測	通過したWi-Fiのアクセスポイントの位置情報を取得	・Wi-Fi機器の設置による調査 ・データ保有主体からデータを入手	・どのアクセスポイントを通過したかにもとづいて移動経路を把握可能（ただしGPSほど精度は高くない） ・屋内、地下、階数別でも位置情報を取得可能

（出所）国土交通省都市局「スマートプランニング実践の手引き第二版」
2018.9を基に筆者作成

このうち、人の移動経路データが取得できる方法は、GPSデータとWi-Fiデータです。

a.　GPSによる行動データ

GPSにより人の位置を緯度経度単位で連続的に取得することで、人の移動経路や立ち寄り場所、滞在時間を詳細に把握することが可能で、プローブパーソン調査とも呼ばれています。もっとも、交通手段や移動目的は別途、調査票により把握することが必要となります。

この調査では、選定されたモニターがGPS機器を持って移動した軌跡データを取得します。モニター登録時にアンケートを実施することにより、性別や年齢階層の属性情報と紐づけした行動データを取得することができます。また、スマホにインストールしたアプリで、緯度経度情報を取得する調査手法も普及しています。

なお、GPSは建物内や地下での位置情報は取得できないため、対象施策によっては有効に活用できない場合もあることに留意が必要です。

b.　Wi-Fiによる行動データ

Wi-Fiアクセスポイントにより人の位置を連続的に取得することで、人の移動経路や立ち寄り場所、滞在時間等を詳細に把握することが可能です。これにより、Wi-Fiを有効にしている端末の移動履歴をデータとして取得することができますが、中心市街地などの回遊行動を把握するためにはWi-Fiパ

ケットセンサー機器を数多く設置する必要があります。また、Wi-Fiをオフにしていた人の属性情報を把握することはできません。

　一方、Wi-Fiによる通信サービスを提供する主体で保有しているビッグデータを活用する方法もあります。この場合には、Wi-Fiのアクセスポイント数が多く設けられていることから、独自にWi-Fiパケットセンサー機器で取得するよりも、より多くの移動履歴データを取得することが期待できます。

iii　スマートプランニングの対象施策と取り組み

　スマートプランニングの対象施策や取り組みは、a.施設配置・空間形成、b.交通施策の2つに分けることができます[75]。

a.　施設配置・空間形成

　高齢者にとっては福祉施設、子育て世代にとっては保育施設というように、人々の属性によって中心市街地に訪れる目的は異なります。その場合、高齢者が健康のためにも歩いて行ける距離を考慮して福祉施設の最適配置を検討するとか、仕事と子育てが両立するまちづくりのために保育園の最適立地を検討する、といったことが考えられます。

　このように、中心市街地における商業施設、福祉施設、保育施設、図書館等の公共施設の適切な配置により、人々の生活の利便性を高めつつ、中心市街地における回遊を促し、にぎわいや活力の創出を期待することができます。

　また、広場等を活用したイベント、オープンカフェ、スポーツ、レクリエーション活動は、中心市街地における人の行動に影響を及ぼすと考えられ、プレイスメイキングと呼ばれる民間主体のまちづくり活動を促進することにつながることが見込まれます。

b.　交通施策

　中心市街地における人々の回遊を促すためには、歩きやすく、歩きたくなる歩行動線を形成することが有効です。その場合、新設のショッピングモールと老舗の百貨店の2つの拠点を結ぶ大通りの魅力を高めて回遊性を向上するとか、違法駐輪や街中での自動車の錯綜を減らせるように、駐車場や駐輪

場の最適配置を検討する、といったことが考えられます。

このような歩行動線の形成によってにぎわいのある通りが形成されて、沿道の商業の活性化につながることが期待できます。

そうした施策には、歩道のバリアフリー化や、歩行者が多い場所における幅の広い歩道の設置、歩行者デッキや地下歩道の設置、ベンチやトイレの配置等が考えられます。

❸ i-Construction と BIM/CIM

国土交通省は、建築現場の生産性向上を図る i-Construction の取り組みにおいて、3次元モデルを活用し社会資本の整備、管理を行う CIM（Construction Information Modeling Management）を導入することにより、受発注者双方の業務効率化・高度化を推進してきました。

CIM は、3次元の形状データや施設のさまざまな属性を一体的に分かりやすい形式で管理できるシステムです。すなわち、CIM は、建築の測量・調査、設計段階から3次元モデルを導入して、その後の施工、検査、維持管理、更新の各段階においても3次元モデルを連携、発展させ、また、事業全体に亘る関係者間の情報共有を容易にし、一連の建築生産・管理システムの効率化・高度化を図る手法です。

一方、海外では BIM（Building Information Modeling）を建築と土木を合わせた建設分野全体の3次元化を意味するものとしていることから、国土交通省では、2018年から従来の建築分野を BIM、土木分野を CIM とするコンセプトを改めて、国際標準化の動向にマッチさせる形で、地形や構造物等の3次元化全体を BIM/CIM とする名称に整理しています。

BIM/CIM は、コンピュータ上に作成した3次元の形状情報に加えて、構造物と構造物を構成する部材の名称、形状、寸法、物性、強度等、数量等の情報から構成される情報モデル（BIM/CIM モデル）の構築と、構築した BIM/CIM モデルが持つ情報を管理・活用する Society5.0 における新たな社会資本整備をコンセプトとしています。

BIM/CIM を活用することにより、単に3次元モデルを活用するだけでなく、最新の IT と連携を図り、測量・調査、設計、施工、維持管理・更新の各

段階において、情報を充実させながらBIM/CIMモデルを連携・発展させ、また、事業全体にわたる関係者間の情報共有を促進することにより、効率的で質の高い建設生産・管理システムの構築を図ることが可能となります[76]。

（2）インフラメンテナンス2.0とインフラデータプラットフォーム
❶ インフラメンテナンス2.0

インフラメンテナンス2.0は、データ活用型のインフラメンテナンスの取り組みを意味します[77]。

すなわち、インフラの計測、点検、補修等の維持管理にさまざまなテクノロジーが導入されることにより、膨大なデータが集積されます。しかし、多くの地方自治体等では、維持管理情報を紙の資料で管理しており、再利用可能なデータベースによる管理は進んでいません。

インフラメンテナンス2.0は、こうしたデータをデジタル化して官民での活用を促進することを通じて、インフラのメンテナンスの効率的運用を図るための取り組みです。

インフラメンテナンス2.0の取り組みをステップバイステップでみると次のようになります。

i 電子化するデータの項目、内容を整理して各管理者へ周知する。

ii 地方自治体等の各管理者が保有するデータのデジタル化を全国一斉で実施する。

iii 各管理者、企業、研究機関等がそれぞれに保有しているデータを統合する。

iv APIの活用により、各管理者、企業、研究機関等が必要なデータを検索、出力して効率的に利活用できるインフラデータプラットフォームを構築する。

v メンテナンスに加えて、防災データベース等の社会インフラデータベースと連携することにより、管理・防災等の取り組みを一体として運用できるシステムへと発展させる。

vi メンテナンスデータを用いて、AI等を活用しメンテナンスの高度化を目指すメンテナンスデータの活用によるオープンイノベーションを促進する。

　こうしたインフラメンテナンス2.0を推進する大きな目的は、インフラの維持管理のプロセスで収集、蓄積されるデータをオープン化して、公的機関のみならず民間等による利活用を可能とすることにより、データ活用のオープンイノベーションによる新技術の開発や新たなサービスの創出を促進して、インフラの維持管理の効率化・高度化に結び付けることにあります。

❷ インフラデータプラットフォーム

　インフラデータプラットフォームは、インフラメンテナンス2.0で中心的な役割を担うシステムです[78]。

　国土交通省では、測量、調査、設計、施工、維持管理までの建設の各プロセスで得られたデータを集約したうえで地方公共団体のデータとも連携させて、サイバー空間に国土を再現するインフラデータプラットフォームの構築を進めています。

　具体的には、測量、調査から設計、施工、維持管理までの建設生産プロセス全体を3次元データで繋ぎ、得られたデータを位置情報で紐付け、一元的に管理するインフラデータプラットフォームを構築します。

　その際に、

i　測量、調査では、ドローン等を活用した3次元測量を行い、

ii　設計では、BIM/CIM による3次元設計を活用、また、

iii　施工では、3次元データに基づく施工、品質管理を実施、

iv　維持管理では、ロボットやセンサーによる3次元点検データの取得を行い、情報共有システムを構築します。

　そして、このインフラデータプラットフォームと交通、気象のデータとの連携により、災害時の避難シミュレーションや最適なヒートアイランド対策の実現等、行政サービスの高度化や新規産業、サービスの創出の実現を指向します。

　また、AI等を活用することにより、施工や維持管理を高度化するとともに、民間や自治体のデータとも連携することで、都市や地域の課題解決にも活用することが可能となります。

【図表5】データを連携して利活用する具体例

データ×データ	具体例	効　果
インフラデータ×インフラデータ	調査・設計データ×施工データ	3次元データを関係者間で共有することにより円滑な工事実施を実現
	施工現場の地形データ×建機の挙動データ	現場における最適な建機の動きを導出して自動施工を実現
インフラデータ×気象・防災データ	構造物データ×地盤情報	構造物データと地盤情報を集約することにより地震の際の液状化等への迅速な復旧を実現
	都市の形状データ×気象データ	都市の3次元モデルと日照や風等の気象データを活用して最適なヒートアイランド対策を実現
インフラデータ×交通データ	構造物データ×自動運転技術	道路の3次元データを自動走行用地図データへ活用することにより高度な自動運転を実現
交通データ×交通データ	公共交通路線データ×リアルタイム運行データ	移動ニーズに対して最適な移動手段をシームレスに提供する等、新たなモビリティサービスを実現
物流データ×物流データ	物流（貨物）情報×手続・取引データ等	港湾関連データ連携基盤を構築することにより国際海上物流の効率化やターミナルオペレーションの高度化を実現
	トラックリアルタイム運行データ×積載データ等	物流・商流データプラットフォームを構築することにより輸送の効率化等のサプライチェーン全体の最適化を実現

（出所）国土交通省「インフラ長寿命化とデータ利活用に向けた取組」2018を基に筆者作成

（3）デジタルツイン

❶ インフラメンテナンス2.0からデジタルツインへ

　デジタルツインは、リアルの対象物とペアになるツイン（双子）をバーチャル空間上に構築して、モニタリングやシミュレーション等に活用する手法をいいます[79]。

　デジタルツインは、製造業で検討や実証等を行う際に活用されてきました。それは、例えばエンジンといった製品の設計やメンテナンスといった活用から、工場全体の設計、保守、点検に活用する、というように拡張されています。

　そして、このデジタルツイン手法を都市インフラの設計に応用する試みが行われています。

❷ 都市のデジタルツイン

　デジタルツインを都市インフラに応用するとどのようなメリットがあるかをみると、たとえば、台風や大雨等の災害時に河川水位・治水設備の稼働状況、孤立地帯、避難施設の収容状況のモニタリングを実施します[80]。

　このようなモニタリングにより収集したデータをもとに、堤防の決壊リスクの分析や決壊時の被害のシミュレーション、避難施設や災害時物資の過不足の分析を行います。

　そして、この結果をもとに、治水設備の自動制御、避難の呼びかけ、避難ルート・移動手段の確保、災害時物資の確保・輸送等をフィードバックして、災害の人的、社会的被害の極小化を図ります。

　また、道路インフラについては、現状、道路管制センターでカメラや気象観測機器、非常電話から得られる情報をもとにして、事故や交通渋滞等を把握、緊急車両・工事の手配、情報発信を行っています。しかし、こうした情報はあくまでもリアルタイムデータであり、また、その活用はモニタリングを主たる目的としています。

　これに対して、デジタルツインでは、時系列データや仮想条件もインプットされます。そして、デジタルツインは分析・シミュレーション、フィードバックが主たる目的となります。その結果、大規模イベントや道路工事に伴う交通規制における交通需要の変化の影響を精緻にかつビジュアルな形で表

わすことにより、あらかじめ取るべき対策を検討することが可能となります。

❸ バーチャル・シンガポール

　シンガポールでは、政府主導のもとに「バーチャル・シンガポール」構想が推進されています[81]。

　バーチャル・シンガポールは、シンガポールの3D都市モデルと統合的データプラットフォームを構築して、それを公共機関のみならず、民間企業、個人、研究機関に提供することにより、シンガポールが直面する複雑な都市問題に対する研究、設計、意思決定に資する試行的なツールやアプリ等のテクノロジーがさまざまな分野で開発されることを目的としています。

　このプロジェクトは、官邸と国家研究機構、国土庁、技術庁が協働する形で推進されます。このうち、国家研究機構はプロジェクトを統括する任務を負い、国土庁は3Dの地図データを作成するとともに、バーチャル・シンガポールが完成したときにその所有権を持ちます。一方、技術庁は、プロジェクトをIT面や運営面からサポートします。

　バーチャル・シンガポールは、建物や道路、上下水道等の対象物の配置、形状、素材、交通網の詳細を3Dでモデル化します。これは、単に表面から見たものだけではなく、例えば建物のモデルでは、壁、床、天井等の構築内容のみならず、それに花崗岩、砂や石材がどれだけ使用されるかもモデル化します。

　このバーチャル・シンガポールのモデル設計では、なんといってもデータが重要な役割を果たします。まず、官民双方のセクターからIoT等の活用により2Dデータを収集のうえ、それを先端技術の活用により統合して3Dにします。そして、人口動態は気候変動を含めた静的、動的なデータを織り込みながら最適な都市モデルを設計します。

　バーチャル・シンガポールは、次のようなメリットがあるとされています。

i　バーチャルな形で、テストを行うことが可能

　例えば、現実に3G、4G、5Gネットワークのカバレッジはどうなるかをバーチャルな形で観察することができ、それによりカバレッジが十分でない場所を3Dシティモデルにより改善することができます。

　また、プラットフォームを使って、緊急時に多くの人々をどのように分散して安全に避難所に誘導できるかをシミュレートしてモデル化することが可能です。

ⅱ　研究開発や設計や意志決定をサポート

　3D を活用した都市モデルは新たな分野であり、さまざまな分野の研究者が多岐に亘る複雑な分析を行い、それを試行することが必要となります。

　豊富なデータを搭載したバーチャル・シンガポールは、研究者に公開され、それを活用して新たなイノベーション、テクノロジーを創出することができます。

　また、バーチャル・シンガポールのプラットフォームは、さまざまなアプリの開発をサポートすることが可能です。例えば、車の交通や歩行者の動態パターンの分析アプリの開発により、都市における車道や自転車道、歩道、公園を含むインフラネットワークが市民にとって快適で便利となる最適モデルを構築することができます。

ⅲ　企業活動をサポート

　バーチャル・シンガポールの発する情報をビジネス・アナリティックスやリソース配分、サービスのカスタマイズ等、経営に生かすことができます。

　例えば、都市で建物を建設する場合に、日射量を把握してグリーンルーフを具備したビルにするとか、騒音の度合いを把握して壁の構造を防音効果の高いものにする等、快適な空間を持った建築物を設計することが可能となります。

ⅳ　政府、個人家計

　政府は、バーチャル・シンガポールにより、スマートな公共サービスや全国デジタルネットワークをはじめ、理想的な都市インフラの設計、構築、運営を実践することができます。

　例えば、あるプロジェクトを設計する場合に現存する地形といかに調和を図りながら安全で強靭なインフラを構築するかを、バーチャル・シンガポールを活用してモデル化することが可能です。3D であれば、スロープの有無、

角度も把握することができて、身障者や高齢者の移動を考慮したバリアフリーのルートを確保したインフラ設計が可能となります。

　また、個人家計は、3D により生活を豊かにする社会の在り方を認識することができます。

❹ 国交省のデジタルツイン構想

ⅰ　国土交通データプラットフォーム整備計画

a.　国土交通データプラットフォーム整備計画の目的

　国土交通省では、2019 年に国土交通データプラットフォーム整備計画を策定して、デジタルツインの実現を目指し、プラットフォームの構築を推進してきました[82]。

　このデータプラットフォーム整備計画は、国土交通省が保有するデータと民間等のデータを API により連携させて、フィジカル空間の事象をバーチャル空間に再現するデジタルツインによるスマートシティの構築や産学官連携によるオープンイノベーションの創出等、国土交通行政の DX を目的とするものです。

b.　国土交通データプラットフォームの構成

　国土交通データプラットフォームでは、図表 6 にあるデータがベースとなっています。

【図表 6】国土交通データプラットフォームを構成するデータ

データのカテゴリー	代表的なデータ
国土に関するデータ	インフラデータプラットフォーム：電子成果品、維持管理情報、国土地盤情報、基盤地図情報
経済活動に関するデータ	港湾データ：港湾情報、貿易手続き情報 公共交通データ：駅の位置情報、運行情報 物流・商流データ：生産データ、購買データ
自然現象に関するデータ	気象データ：観測データ、予測データ

(出所)国土交通省

c. 国土交通データプラットフォームの機能

国土交通データプラットフォームは、図表7にある機能を具備しています。

【図表7】国土交通データプラットフォームの機能

機　能	内　容
3Dによるデータ視覚化機能	3Dマップで構造物や地盤の情報を表示
データハブ機能	国土交通分野の産学官のデータをAPIで連携して同一インターフェースで横断的に検索、ダウンロードが可能
情報発信機能	国土交通データプラットフォームのデータを活用してシミュレーション等を行った事例をケーススタディとして登録、閲覧が可能

(出所)国土交通省の資料を基に筆者作成

d. 国土交通データプラットフォームの利活用

国土交通データプラットフォームは、次のように利活用することができます。

ⓐ物流の効率化

標高や都市構造物といった国土に関する3Dデータに、道路交通・公共交通・人流のデータを組み合わせることにより、MaaS（Mobility as a Service）といった新たなモビリティサービスの導入効果や、多様な交通モード間の交通結節点計画、走行空間の再配分等、スマートシティを実現することができます。

例えば、物流や商流といった経済活動に関するデータを組み合わせることで、ドローンによる荷物配送の検討等、物流の効率化が可能になります。

ⓑ観光振興

建築物やインフラ、観光施設の精緻な3Dデータに、それに関連した歴史やイベント情報を付加することによって、リアリティのあるVR（仮想現実）やAR（拡張現実）体験が可能となり、人々の訪問意欲を喚起し、交流人口の拡大に寄与することができます。

ⓒ防災関連

災害発生時にリアルタイムに変化するインフラの被災状況と通行止め情報等の公共交通関連データ、地方公共団体が保有する避難所の情報を連携する

ことにより、安全な避難誘導や速やかな復旧計画策定が可能となり、暮らしの安全性向上に資することができます。

ⅱ　国土交通データプラットフォーム 1.0

国土交通省では、2020 年 4 月に国土交通データプラットフォーム 1.0 の一般公開を開始しました[83]。

これは、国・地方自治体の保有する橋梁やトンネル、ダムや水門等の社会インフラの諸元（形状、材質、性能等のスペック）や点検結果に関するデータ 8 万件と、全国のボーリング結果等の地盤データ 14 万件の計 22 万件を地図上に表示するという内容です。ユーザーは、これらの情報をプラットフォーム上で検索・閲覧することが可能であり、さらに必要なデータをダウンロードすることもできます。

また、工事・業務の電子成果品に含まれるデータとの連携に向け、IT 施工の 3 次元点群データ 250 件を地図上に重ねて表示する機能を試行しています。

国土交通省では、セキュリティ機能や利活用ルールの整備を通じて、他省庁や民間、地方公共団体が保有するデータとの連携拡大に取り組むとともに、データ連携の促進やデータ活用による業務の高度化を推進するための要素技術の開発に取り組む方針です。

a.　データの連携拡大

データの連携拡大については、2020 年度は、直轄工事・業務の電子成果品に加え、他省庁や地方公共団体、民間が保有するデータベースとの連携を試行し、連携拡大方策を検討するとともに、セキュリティ機能や利活用ルールの整備や、オープンデータチャレンジによるデータ連携による施策の高度化について具体化を図ることとしています（オープンデータについては後述（4）参照）。

b.　要素技術の開発

要素技術の開発については、多種多様なデータベースや新技術の活用により新たな価値の創造を図るため、データベース内の各々のデータのメタデー

タ（データのデータ、データそのものではなく、そのデータを表す属性や関連する情報を記述したデータ）を自動生成する技術や、既設構造物の 3 次元化技術の開発などを推進することとしています。

CASE：バーチャル都市モデルの開発

　大成建設は、3D ソフトウエア企業のダッソー・システムズを導入して、銀座エリアの将来構想・最適化による資産の有効活用、エリアの活性化を指向しています[84]。

　具体的には、3D プラットフォームのデジタル環境を活用して 3D 都市モデルをデジタルツインとして作成し、これを個別のビル建設の受注や改修に留まらず、エリア・群としての建築物の包括的なファシリティ・マネジメントとして、たとえばセキュリティや防災、地域の活性化施策等にも活用することにより、銀座地区の事業者、利用者の利便性に対する新しい価値創造に活用することとしています。

（4）オープンデータ

　インフラの管理、所管主体が、インフラに関わる各種データを独占して保有することなく、広く民間に発信し、共有化を図る基本方針のもとに、オープンデータが展開されています。

　こうしたオープンデータは、インフラの維持管理、更新の必要性、重要性に対する国民の理解の促進に資するとともに、民間企業がインフラに関わる各種研究、開発を行うにあたっての重要な材料となります。

　なお、2016 年には、官民データ活用推進基本法が施行されて、オープンデータを軸に官民データの利活用が推進されることになりました。

❶ 気象庁のオープンデータ

ⅰ　気象観測データの民間活用

　気象庁が提供するデータ自体は無償で、商用利用や二次配布に制限はなく、オープン化されたビッグデータです。

　気象庁では、観測、予測技術について最新の科学技術を取り入れ技術革新

を行うとともに、気象情報、データが民間と共有の財産となり、必要不可欠なソフトインフラとして利活用されるよう各種施策を実行しています[85]。

　すなわち、気象庁では、気象データ情報が幅広いユーザーの間で有効に活用されるように、利用環境を高度化するさまざまな施策を講じることにより、気象観測のデータやIoTの進展によりスマホ等のセンサーから得られる気象観測データが広く民間で有効に活用されるよう環境整備を進めています[86]。

ⅱ　気象庁と民間気象事業者

　気象業務法により、民間気象事業者は、気象庁により観測された膨大な気象データや予報データを各産業のニーズにマッチするように加工して提供することが可能となっています。

　そして、気象庁は、民間気象業務支援センターを通じて気象庁の観測・解析・予報等の成果およびこれらの作成過程で得られる数値予報資料や解説資料等の気象情報をオープンデータとして民間気象事業者へ提供しています。

　民間気象事業者では、こうしたデータをさまざまなユーザーのニーズにマッチする形に、加工、可視化して提供するサービスを展開しています。

　特に、天候リスクが各種企業の業績に与えるインパクトが大きくなっている状況下、多くの企業では、気象庁から提供される情報だけではなく、各々のビジネスからみて特に重要な天候リスクに関する情報を民間気象事業者に求めるニーズが強まっています。こうしたことから、民間気象事業者は、気象庁から提供された情報を各々の企業に対応した情報に加工したり、民間業者が独自にデータを収集する等により、企業の多様なニーズに応えています。

ⅲ　気象庁と気象業務支援センター

　気象業務支援センターは、気象庁と民間気象事業者や報道機関をはじめとする気象情報ユーザーとの間に立って、気象庁からの気象情報をユーザーへ迅速かつ確実に配信する役割を担っています[87]。

　気象業務支援センターが提供するデータは、オンライン気象情報と過去の気象データがあります。

　このうち、オンライン気象情報は、気象庁が発表する天気予報、気象観測

データ、地震や津波等の各種気象情報で、マスメディアやインターネット等の情報ネットワークを通じて国民や企業等に提供されています。また、これらの情報は、民間気象事業者等により、局地予報や各種のニーズに応じた気象情報として加工が行われてユーザーに提供されています。

　一方、過去の気象データは、気象庁が保有する統計、衛星、客観解析、地震（震源・波形）、高層、海上等のデータが規定の磁気媒体により提供されています。

　気象業務支援センターによると、このところ同センターからのオンライン配信サービスのユーザーが増加しており、その顔ぶれも従来の民間気象事業者や報道機関から、情報通信、システム開発、建設、コンサルタント等、多様な産業分野に裾野を広げている、としています。

　こうした傾向は、例えば，気象関係以外に情報通信、安全・危機・システム管理、エネルギー等の本来事業を持つ企業が、そうしたビジネスと気象庁のデータを融合させることにより、本来事業に付加価値をもたらす、といった形で気象データの活用が増加していることを示唆しているものと考えられます。

　このようにみると、気象情報は、気象庁、民間気象業務支援センター、多様なユーザーのネットワーク・インフラをベースとして、今後ともさまざまな形で利活用されることが予想されます。

iv　予報業務許可事業者

　民間気象事業者は、気象情報データに関わるビジネスを行う企業等であり、その大半が気象予報を実施しています。こうした気象予報は、国民生活や企業活動に密接に関連していることから、技術的な裏付けの無い予報が無暗に社会に発表されることがないように気象庁長官による許可制としており、この許可を得た業者を「予報業務許可事業者」といいます。

　この許可の対象となるのは、観測資料などをもとにして独自に天気、気温、降水、降雪等、大気現象の予想結果を第三者であるユーザーに提供する場合であり、気象庁発表の予報や他の許可事業者が発表した予報を解説するだけとか、花粉の飛散、植物の開花等、大気現象以外の予想の提供は、予報業務

許可の対象外となります。

　また、現在、民間業者から各種の気象指数が発表されていますが、こうした指数についても、大気の諸現象と一対一に対応づけられるようなもの（例えば、指数の値から一定の式で気温などが逆算できるもの）以外は、予報業務許可の対象外です。

　予報業務許可は、予報業務の目的を、不特定多数を対象とした「一般向け予報」と、特定の利用者を対象とした「特定向け予報」に分類して行われます。

　特定向け予報と一般向け予報では、予報を受けるユーザーが予報に関して持つ知識が異なることから、行うことができる予報の内容が異なります。例えば、一般向け予報の場合、台風に関しては気象庁の情報の解説にとどめ独自予報の提供はできませんが、特定向け予報であれば独自に台風予報を行うことができます。

　現在、予報業務許可事業者は83（2021.1.18時点）あり、主要な事業者は日本気象協会、ハレックス、ウェザーニューズ、テレビ局等です。

CASE：ハレックスの気象予報

　ハレックス（HALEX）は、NTTデータ，日本気象協会，鉄道，通信，電力等を株主とする気象情報会社で、気象（風，雨等，大気の状態），地象（地震や火山活動），海象（波浪や海流等の現象）の3つの分野に関わる予報業務の認可を受けた予報業務許可事業者です。

　ハレックスでは、特定利用者向け予報に注力して事業を行っています。

　ハレックスは、全国に設置されたアメダスから分刻みで送られてくる観測データ、リアルタイムに送られてくる気象レーダーのデータ、スパコンから出力される数値予報といったオープンデータなどのビッグデータを気象庁から入手しています。

　ハレックスでは、気象庁から送られるビッグデータとICTを融合させて新たな付加価値を生み出すことを目的に気象システム、HalexDream!を構築しています。そして、同社に所属する気象予報士がこのシステムを活用して、気象データそのものではなく、気象情報を解析、加工したものや気象情報の活用ノウハウをAPIによりさまざまな分野のユーザーに提供しています。これ

により、ユーザーは業務に関連するさまざまなシステムに気象情報等を容易に取り込めることができます。

　ハレックスの主要な事業内容は、気象・地震・防災および生活関連情報の提供、その活用に関するコンサルテーション・教育、情報処理システムの開発、および販売ならびにコンサルテーション等です。

　たとえば、鉄道会社に対しては、沿線の降水量や降り方を予測して、気象庁による土壌雨量指数や、国土交通省による土の成分等の情報を活用して、土砂災害の危険度を 6 時間先まで表示します。

　同社では、これにより鉄道の速度規制や運行規制、保線業務の支援、土砂災害への防災対策等への対応が事前に可能となる、としています。

❷ 総務省のG空間×ICTプロジェクト

　総務省では、G空間×ICTプロジェクトを推進しています。このプロジェクトは、G空間情報とICTを融合させて、G空間情報の円滑な利活用を可能とするG空間プラットフォームの構築と最先端の防災システムや地域活性化・新産業創出を実現するG空間シティの実施を内容としています（平成27年12月総務省「GG空間プラットフォームの開発について」2015.12）。

　ここでG空間情報とは、ナノテクノロジー、バイオテクノロジーと並び将来が期待される3大重要科学技術分野の1つとされている地理空間情報技術（Geotechnology）の頭文字のGを用いた地理空間情報を意味します。

　そして、これを受けて、2016年に、それまで産学官の各主体が収集していたG空間情報を集約、加工して、誰もが使いやすい形のオープンデータとして提供するG空間情報センターが設立されました。

　G空間情報センターは、民間部門も含めて散在するG空間情報を集約して、産官学の組織の壁を越えたさまざまなデータの融合と価値創出を実現させるため、国・地方公共団体だけでなく、広く民間にも開放して、ユーザーが必要とするG空間情報や関連する情報がワンストップで入手できるサービスを提供するほか、研究開発やデータキュレーションなど、イノベーション創出に向けた事業を展開しており、防災・減災に加えてビジネスへの利用も可能となっています。

　たとえば、内閣府防災では、南海トラフや首都直下の巨大地震等について、科学的知見に基づく各種調査を防災の観点から幅広く整理・分析し、防災対応においてどのような地震・津波を想定すべきか、また、この想定される地震・津波による全国における震度の大きさや津波の高さ等を検討して、それにより得られた地震や津波に関するさまざまなデータを大量に保有しています。

　内閣府防災は、多くのユーザーがこうしたデータを地震・津波対策の計画の策定や避難計画の検討、将来の防災技術の発展等に活用できるように、G空間情報センターへ3TBを超える大量のデータを登録しています[88]。

❸ 交通分野のオープンデータ化 🚃

　現在、公共交通のユーザーへの情報提供は、各交通事業者のホームページやアプリによる提供、コンテンツプロバイダや検索サイトのサービスの充実により、多言語化を含め相当程度進んでいます[89]。

　また、公共交通分野のオープンデータ化が交通事業者の自主的な取り組みとして行われていますが、今後、これが一段と進展すれば、交通事業者にとって遅延等の発生時に、同業他社や他の交通機関とも情報の共有ができるようになり、振替輸送の円滑な誘導が可能となるなど、交通事業者間で有効な連携が促進されるようになります。

　そして、オープンデータ化により、多くのアプリ開発者が参加して新規サービスの提供や既存のサービス拡大を行うことにより、ユーザーのさまざまなニーズに弾力的に対応することが期待できます。

❹ 河川情報基盤 🏞️

　国土交通省や各地公体等により河川情報を分かりやすい形で確実に提供するため、雨量計、レーダー雨量計、水位計、監視カメラ、光ファイバー等の観測施設、観測されたデータを収集・処理・伝送するシステム、水位、流量、氾濫域等を予測提供するシステムなど、河川情報基盤の充実、高度化・効率化が図られています。

　また、住民の迅速かつ的確な避難判断や避難行動を支援するために、地上

デジタル放送により水位・雨量情報の提供が行われているほか、集中豪雨、ゲリラ豪雨による水害や土砂災害が増加している状況から雨量をリアルタイムに観測可能な X バンド MP レーダーの整備が進められています。

第4章

インフラファイナンス

① 官民連携によるインフラ整備

　さまざまな工夫によって既存インフラの長寿命化を図り、また、選択と集中によりインフラの建設を真に必要な施設に絞る等の施策を、効率的かつ効果的に講じるためには、民間の資金や創意工夫を取り込む官民連携によるインフラ整備が極めて有効な手段となります。

　すなわち、日本が直面する厳しい財政事情のもとにあって、財政資金でインフラ整備に要する資金をすべて賄うことは不可能であり、また、民間部門が持つダイナミックなイノベーションをインフラ面に活用しない手はありません。

　このように、インフラの整備に民間資金を導入することがどうしても必要となり、また、資金面だけではなく、民間が持つノウハウ、テクノロジーといった民間の活力を取り込むことにより、効率的、効果的な官民連携のインフラマネジメントを実現することが極めて重要となっています。

② PPP

（1）PPPとは？

　PPP（Public-Private Partnership、官民連携事業）は、公共サービスを提供するにあたって、公的主体と民間とが連携する、という幅広いコンセプトです。

　従来型の公共事業では、公的主体が一貫体制によりこれを実施することが一般的でした。すなわち、公的主体が資金調達を行い、公共施設を建設して、

それを所有したうえで、公的主体が維持管理、運営を行って公共サービスを提供する、というように、資金調達⇒施設の建設⇒所有・維持管理・運営まですべてが公的主体の手により行われる公的主体一貫体制で実施されてきました。

　これに対して、PPPは、これまで公的主体が行ってきた公共サービスの提供に何らかの形で民間業者が関与することにより、民間の資金、創意工夫、経営能力を生かして効率的、効果的な公共サービスの提供につなげることを指向する手法です。

　PPPは、国や地方公共団体の財政状況が厳しさを増すなかにあって、インフラに関わる事業を公的主体だけで完結させるのではなく、民間の資金やノウハウを活用することにより、財政負担軽減、公共サービスの向上、延いては経済の活性化を指向することを目的としています。

（2）PPPのカテゴリー

　PPPには、民間業者が公共サービスの提供にどのような形で関与するかに

【図表1】PPPのカテゴリー

カテゴリー		内　容
PFI		公共施設の建設、維持管理、運営等に民間の資金、創意工夫、経営能力を活用
	コンセッション方式	施設の所有権は公共セクターに残したまま、運営権を有償で民間事業者に付与
指定管理者制度		公共施設の管理、運営を指定管理者（地方公共団体が指定する民間事業者、NPO法人等）が代行
包括的民間委託		公共施設の管理運営業務について、業務運営を詳細に定めることなく、性能発注方式によって一連の業務を民間企業に委託
LATV		自治体が公有地を現物出資、民間事業者が金銭出資して事業体を共同創設し、その事業体が公共施設と民間施設を複合的に整備してマネジメントする方式

（出所）筆者作成

よって、図表1のようにさまざまなカテゴリーがあります。このなかで代表的な手法がPFIです。また、LATVは英国で生まれた新たな手法です。

③ 政府のPPP/PFI支援施策

（1）骨太の方針とPPP/PFI

❶ 2010年の新成長戦略

2010年、新成長戦略が閣議決定されました。このなかで、PFI、PPP等を積極的に活用することの必要性が次のように強調されています（PFIについては第4章4で詳述）。

ⅰ　大都市の再生について

投資効果の高い大都市圏の空港、港湾、道路等の真に必要なインフラの重点投資と魅力向上のための拠点整備を戦略的に進め、世界、アジアのヒト・モノの交流の拠点を目指す必要がある。この整備に当たっては、厳しい財政事情の中で、特区制度、PFI、PPP等の積極的な活用により、民間の知恵と資金を積極的に活用する。

ⅱ　社会資本ストックの戦略的維持管理等について

高度経済成長期に集中投資した社会資本ストックが今後、急速に老朽化することを踏まえ、維持修繕、更新投資等の戦略的な維持管理を進め、国民の安全・安心の確保の観点からリスク管理を徹底することが必要である。さらに、社会資本ストックについては、厳しい財政事情の中で、維持管理のみならず新設も効果的・効率的に進めるため、PFI、PPPの積極的な活用を図る。

❷ 2013年の骨太の方針

2013年の日本再興戦略（JAPAN is BACK）産業競争力会議と、経済財政運営と改革の基本方針（骨太の方針）の閣議決定では、PPP/PFI活用方針が主要項目の1つにあげられています。

日本再興戦略産業競争力会議では、インフラの整備・運営を担ってきた公共部門を民間に開放することは、厳しい財政状況の下での効果的・効率的な

インフラ整備・運営を可能とすること、また、民間企業に大きな市場と国際競争力強化のチャンスをもたらす、としています。

また、骨太方針では、公共インフラの老朽化が急速に進行するなかで、「新しく造ること」から「賢く使うこと」への重点化が課題であるとして、民間の資金・ノウハウを活用することによってインフラの運営・更新等の効率化、サービスの質的向上、財政負担の軽減が図られる事業については、PPP/PFIを積極的に活用することが決定されています。

❸ 2020年の骨太の方針

2020年の骨太の方針では、「あらゆる分野において民間資金・ノウハウを積極活用し、コンセッションなど多様なPPP/PFIを推進する。特に、コンセッション事業者が、事業に密接に関連する建設・改修についても実施できることを明確化するための法制度の整備を行うとともに、初期財政負担支援、資格制度整備、官民対話の促進など地方自治体の取り組みが加速するようなインセンティブを強化する」として、PPP/PFIの一層の推進が唱えられています（コンセッションについては第４章５で詳述）[1]。

（２）PPP/PFI推進アクションプラン
❶ 2016年のアクションプラン

民間資金等活用事業推進会議は、2016年にPPP/PFI推進アクションプランを策定して、PPP/PFIの推進に取り組んできました。

このアクションプランでは、2024年度までにPPP/PFIの事業規模を21兆円とし、その内訳をコンセッション事業：7兆円、収益型事業：5兆円、公的不動産利活用事業：4兆円、その他の事業：5兆円としています[2]。

❷ 2017年の改定アクションプラン

2017年の改定アクションプランでは、空港、水道、下水道、道路、文教施設、公営住宅といった従来のコンセッション事業の重点分野に、クルーズ船向け旅客ターミナル施設とMICE施設が追加されました[3]。

ここでMICEとは、企業等の会議（Meeting）、企業等の行う報奨・研修旅

行（Incentive Travel）、国際機関・団体、学会等が行う国際会議（Convention）、展示会・見本市、イベント（Exhibition/Event）の頭文字で、多くの集客交流が見込まれるビジネスイベント等を総称したものです。MICEは、企業・産業活動や研究・学会活動等と関連している場合が多いため、一般的な観光とは性格を異にします。このため、MICEは観光振興という文脈だけではなく、人が集まるという直接的な効果はもちろん、人の集積や交流から派生する付加価値を生むといった観点で捉えることができます。

❸ 2018年の改定アクションプラン

2018年の改定アクションプランでは、空港をはじめとするコンセッション事業の重点分野に公営水力発電・工業用水道が追加されています。

❹ 2019年の改定アクションプラン

2019年の改定アクションプランでは、独立採算型だけでなく、混合型事業の積極的な検討を推進することや、地域の価値や住民満足度の向上、新たな投資やビジネス機会の創出に繋げるため、官民連携による公園や遊休文教施設等の利活用推進を指向する、とされています。

❺ 2020年の改定アクションプラン

2020年の改定アクションプランでは、コンセッション事業に密接に関連する建設、改修等について、運営権者が実施できる業務の範囲を明確化して、民間事業者が創意工夫を活かしやすい環境整備を図ることや、キャッシュフローを生み出しにくい道路や学校等の公共建築物のインフラについても積極的にPPP/PFIを推進するため、モデル事業実施やガイドライン事例集の策定等の導入支援を行う、とされています[4]。

④ PFI

（1）PFIとは？

PFI（Private Finance Initiative、民間資金等活用事業）は、その名前が表す

とおり、従来のように公的主体が新規のインフラの設計・建設や、既設のインフラの維持・運営に必要となる資金調達（finance）を行うのではなく、民間（private）の資金を活用することを意味します。

しかし、PFIでは単に民間マネーを使うというだけではなく、民間の技術力、経営能力等のノウハウを活用することにより効率的な公共サービスを提供することを指向します[5]。

PFIのメリットは、次の3点に整理することができます。

①財政負担の軽減とインフラの運営効率化

民間資金やノウハウを活用することにより、インフラの運営効率化が図られ、事業コストの削減による財政負担の軽減に資することが期待できる。

②公共サービスの向上

民間業者がインフラ運営の自由度を得て、民間ノウハウを活用することにより、公共サービス水準の向上を見込むことができる。

③経済の活性化・成長の実現

民間のビジネスチャンスを創出して、経済の活性化・成長の実現につなげる。これは、特に活力に欠く地方経済で威力を発揮することが期待される。

（2）PFIのカテゴリー

❶ 事業方式による分類

PFIを施設の所有・運営等の形態といった事業方式により分類すると、次のようなパターンがあります。

a.　BTO（Build Transfer Operate）方式

「民間事業者による建設⇒譲渡⇒運営」という形をとる方式です。

すなわち、民間事業者が資金調達と建設を担って、施設完成後はただちに所有権を公的主体に移転します。公的主体は、施設の整備を民間業者に委ね、民間業者は施設を運営（サービスの提供）して利用料金を民間のユーザー、または公的主体から受け取るパターンです。

民間事業者が施設の所有権を公的主体に移転する時点で建設費が支払われるケースでは、民間事業者にとって事業当初の資金負担が軽減されるメリットがあります。

b.　BOT（Build Operate Transfer）方式

「民間事業者による建設⇒運営⇒譲渡」という形をとる方式です。

すなわち、民間事業者が資金調達と建設を担って、完成後も民間事業者が所有し、施設の維持・管理と運営を行い、利用料金を民間のユーザー、または公的主体から受け取ります。そして、事業が終了した段階で民間事業者から公的主体に所有権を移転するパターンです。

施設の所有権が民間事業者にあることから、弾力的な施設管理が可能になる等のメリットがあります。

c.　BOO（Build Own Operate）方式

「民間事業者による建設⇒所有⇒運営」という形をとる方式です。

すなわち、民間事業者が資金調達と建設を担って、完成後も民間事業者が所有し、施設の維持・管理と運営を行い、利用料金を民間のユーザー、または公的主体から受け取ります。そして、事業が終了した段階で民間事業者が施設をそのまま所有して単独で事業の継続をするか、施設を解体・撤去して事業を終了させるパターンです。

d.　RO（Rehabilitate Operate）方式

「民間事業者による改修⇒運営」という形をとる方式です。

すなわち、既設施設の改修を行う場合、所有権は公的主体が持ち続け、民間業者が施設を改修したうえで、管理・運営するパターンです。

e.　DBO（Design Build Operate）方式

「民間事業者による設計⇒建設⇒運営」という形をとる方式です。

すなわち、公的主体が資金調達を行い、民間事業者に設計・建設等を一括発注・性能発注して、施設の所有は公的主体が行います。設計と建設の一体化が効率的である場合や、初期投資が多額で民間事業者サイドでの資金調達が困難である場合に採用されることがあります。

なお、PFIの概念として民間資金を活用することが重要な要素となっている以上、このDBO方式は、PPPの1方式ですが、厳密な意味でのPFIの範疇

には属しません。

【図表2】PFIの事業方式による分類

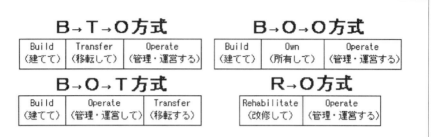

（出所）内閣府民間資金等活用事業推進室「PFIの事業方式と事業類型」

❷ 事業類型による分類

　PFIを事業費の回収方法により分類すると、公的主体が民間事業者へ料金を支払う形態のサービス購入型、公的主体が民間事業者へ料金を支払わず、利用者が料金を支払う形態の独立採算型、それにサービス購入型と独立採算型を合わせたミックス型があります[6]。

a.　サービス購入型

　民間事業者が公共施設の整備等にかけるコスト負担を、公的主体が民間事業者からサービスを購入してその料金を支払う、という形で回収するパターンです。

b.　独立採算型

　民間事業者が公共施設の整備等にかけるコスト負担を、ユーザーから支払われる利用料金の形で回収するパターンです。

　独立採算型としては、羽田空港国際線旅客ターミナルビルの整備費用を、航空旅客からの空港使用料で回収するケースがあります。

　後述するコンセッション方式は、このように税財源ではなく利用料金の徴収により費用を回収する独立採算型のPFI事業促進のために導入されたもの

です。

c.　ミックス型

　サービス購入型と独立採算型をミックスしたパターンです。ミックス型では、民間事業者が公共施設の整備等にかけるコスト負担を、公共部門から支払われるサービス購入料とユーザーから支払われる利用料金を合わせた受取金で回収することになります。

　ミックス型としては、高尾の森わくわくビレッジで、施設の改修費は東京都から回収し、運営費については利用者の施設利用料から回収するケースがあります。

【図表3】PFIの事業類型による分類

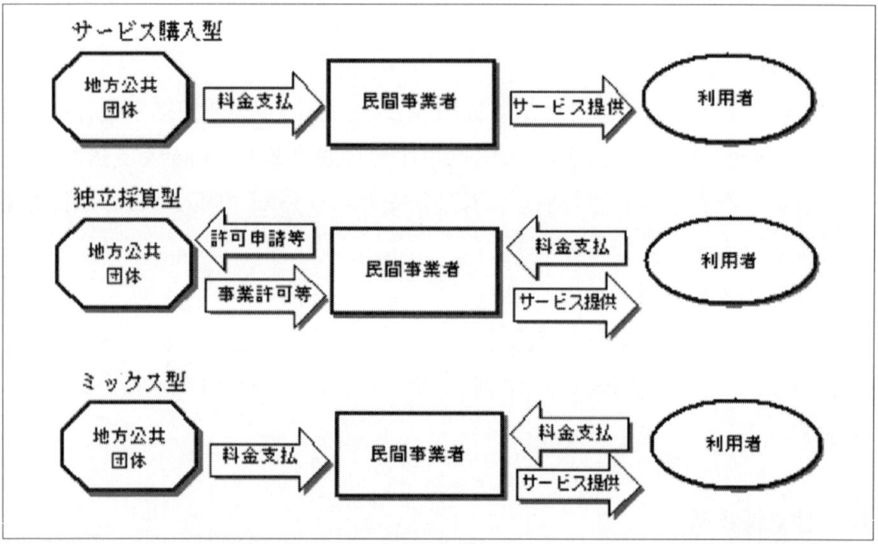

（出所）内閣府民間資金等活用事業推進室「PFIの事業方式と事業類型」

（3）PFI法と施行令

❶ PFI法の制定

　2009年、PFI法（民間資金等の活用による公共施設等の整備等の促進に関する法律）が制定されました。このPFI法は、公共施設等の整備、維持管理、

運営等にあたり、民間の資金、経営能力および技術的能力を活用する目的で制定されたものです。

　PFI法第1条は、「民間の資金、経営能力及び技術的能力を活用して公共施設等の整備等の促進を図るための措置を講ずること等により、効率的かつ効果的に社会資本を整備するとともに、国民に対する低廉かつ良好なサービスの提供を確保し、もって国民経済の健全な発展に寄与する」としています。

❷ 2011年の改正PFI法

　2011年の改正PFI法では、内閣総理大臣を会長とする民間資金等活用事業推進会議を創設して、政府が主導して推進体制を整備することが定められており、その事務局として、内閣府に民間資金等活用事業推進室が設置されました。

❸ 2015年の改正PFI法

　2015年にPFI法が改正されました。この法改正の背景は、同年に閣議決定された日本再興戦略改訂2014のなかの「民間資金等の活用による公共施設等の整備等に関する事業の実施に関する基本方針」で、地域における民間の事業機会の創出や公的部門の効率化のため、コンセッション方式を今後、劇的に拡大させていくことが重要であり、2016年度末までの3年間を集中強化期間として、コンセッション事業者への公務員の派遣等について所要の措置を講じる、とされたことにあります。

❹ 2016年PFI法施行令の改正

　コンセッション事業では、民間事業者である公共施設等運営権者が公共施設等の運営等を行い、その利用料金を自らの収入として収受することとなります。その際、たとえば下水道の公共施設等運営事業においては、地方公共団体が利用料金を収受して、それを公共施設等運営権者に送金することにより、事業開始後もこれまでと同様に地方公共団体が上下水道の料金を一体的に徴収することが、利用者の利便に資することになります。

　そこで、2016年、コンセッション事業の円滑かつ効率的な遂行を図るため、

地方公共団体の長である公共施設等の管理者等が、公共施設等運営権者の委託を受けて利用料金を収受することを可能とする措置を講ずるPFI法施行令一部改正政令が公布・施行されました。

❺ 2018年の改正PFI法

2018年の改正PFI法では、公共施設等の管理者等及び民間事業者による特定事業に係る支援措置の内容及び規制等についての確認の求めに対して、内閣総理大臣が一元的に回答するいわゆるワンストップ窓口の制度が創設されました。

(4) PFI法の対象施設

PFI法第2条は、図表4のような公共施設等を対象施設にあげています。なお、2011年のPFI法改正では、次の2点においてPFIの対象施設が拡大されています。

第1は、公営住宅が賃貸住宅に改正されました。法改正前は、公営住宅（低所得者向けの賃貸住宅）に限られていましたが、法改正後は、それに加えて特定公共賃貸住宅（中堅所得者層向けの賃貸住宅）、高齢者向け賃貸住宅、地

【図表4】PFI法の対象施設

施　設	内　容
公共施設	道路、鉄道、港湾、空港、河川、公園、水道、下水道、工業用水道等
公用施設	庁舎、宿舎等
賃貸住宅及び公益的施設	賃貸住宅及び教育文化施設、廃棄物処理施設、医療施設、社会福祉施設、更生保護施設、駐車場、地下街等
その他	情報通信施設、熱供給施設、新エネルギー施設、リサイクル施設（廃棄物処理施設を除く）、観光施設、研究施設、船舶、航空機等の輸送施設及び人工衛星（これらの施設の運行に必要な施設を含む）

（出所）PFI法第2条を基に筆者作成

方住宅供給公社等により整備される賃貸住宅も PFI の対象施設となりました。

　第2は、船舶、航空機等の輸送施設及び人工衛星が追加されました。これにより、法改正後は、船舶は離島航路や工事用船舶について、航空機は防災ヘリコプターについて、人工衛星は公的な通信衛星について、PFI の活用が可能となりました。

（5）PFI 事業の進め方

　PFI の事業化に当たっての具体的なステップは、①PFI 事業の選定、②民間事業者の募集、選定、③協定等の締結、④PFI 事業の実施と終了のステップを踏むことになります[7]。

❶ PFI 事業の選定

i　まず、PFI が活用できる事業を特定するための体制を整備します。具体的には、民間事業者からの発案の受付や事業評価を行う体制整備が必要となります。

　また、今後 PFI 事業として可能性のある事業リストを短期計画や長期計画として公表することもあります。

ii　民間事業者の発案を積極的に取り上げて、PFI 事業として適当であるかどうかを検討します。検討に際しては、民間資金、経営能力、技術能力の活用により効率的、効果的に実施されることが可能な事業であれば、PFI 事業として積極的に検討することが必要です。

　また、コンサルタントやアドバイザーを使って PFI 事業の検討に当たって必要となる金融、法務、技術等の専門知識やノウハウを得ることも考えられます。

iii　PFI 事業として適合性が高く、またユーザーニーズが強く、早期に着手すべきと判断される事業から、実施方針の策定を行います。

iv　実施方針では、内容を具体的に示して民間事業者の参入に配慮すること

が必要です。

その際には、PFI事業のポイントは民間事業者からのサービスの調達であるという認識のもとに、PFI事業による公共サービスやPFI事業の範囲を明確にします。

特に、想定されるリスクとその分担、必要な許認可、民間事業者が行うことができる公共施設の維持管理、運営の範囲、補助金の適否、融資等を明確にして公表することが重要となります。

また、民間収益施設を併設するPFI事業の場合には、民間収益施設の経営リスクがPFI事業の実施に伝播するリスクがあることから、PFI事業から民間収益施設の経営リスクを可能な限り分離する必要があります。

v　PFI事業の評価、選定を行います。評価は、PFI事業の実施により、効率的、効果的に公共サービスの提供ができることが基本的な基準となります。具体的には、同一サービス水準での公的負担の縮減、または同一の公的負担での公共サービス水準の向上を基準として評価します。

VFM（Value For Money）の算定に当たっては公的負担総額の現在価値換算による評価を行います。また、定量的な評価を原則としてこれが困難な場合には客観性を持つ定性的評価を行います（VFMについては第4章4（6）で詳述）。

vi　PFI事業の選定結果を公表します。公表は透明性を高めるよう留意しなければなりません。

❷ 民間事業者の募集、選定

民間事業者の募集、選定に当たっては、次の諸点に留意する必要があります。

i　民間事業者の技術、経営資源、創意工夫が十分に発揮され、低廉、良好なサービスがユーザーに提供されるよう、主として価格やユーザーに提供されるサービスの質等により評価します。

なお、多数の応募者が見込まれ、効率的、効果的な競争的対話の実施のために応募者の絞り込みが必要な場合等、民間事業者の選定を2段階で

実施することが適切と認められる場合には、第1段階で参加資格審査及び提案審査を行ったうえで、第2段階で提案審査等を行うことも有益な方法と考えられます。

ⅱ　評価にあたっては、提案内容の先進性等を勘案し、公平性・透明性・競争性の確保に留意します。

ⅲ　評価にあたって価格以外の条件を総合評価する場合には、客観的な評価基準とします。

ⅳ　選定の結果は、速やかに公表します。その際には、評価の結果、評価基準、必要な資料をあわせて公表する等、透明性を持たせて行うことに留意する必要があります。

　　また、選定外の応募者に対し非選定理由の説明機会を設けます。

❸ 協定等の締結

　選定事業者との協定等の締結に当たっては、次の諸点に留意する必要があります。

ⅰ　当事者間の権利義務関係について具体的、明確な取決めを行います。

ⅱ　適正な公共サービス提供を確保するために、次の施策を明確化します。
　　・公共サービス水準のサーベイランス
　　・実施状況、財務状況についての報告
　　・問題があった場合の報告と第三者の専門家による調査・報告の提出
　　・公共サービスの適正かつ確実な提供を確保するための必要かつ合理的な措置等
　　・安全性の確保、環境の保全等に必要な範囲での公共の関与

ⅲ　リスク配分の適正化に配慮したリスク分担の明確化、リスクの軽減・除去への対応を明確化します。

ⅳ　事業終了時に事業継続困難の場合に、契約解除に関する具体的かつ明確な規定を設けます。

❹ PFI事業の実施と終了

ⅰ　協定等に従って事業を実施します。

また、提供される公共サービスの水準のサーベイランス等を実施します。

ⅱ　管理者等は、事業契約等に定める範囲内で次の監視を行います。

・民間事業者が提供する公共サービスの水準

・民間事業者からの事業の実施状況報告の定期的な提出

・民間事業者からの公認会計士等の監査済財務状況報告書の定期的な提出

・事業実施に重大な悪影響を与える恐れがあるときには、民間事業者に対し報告を求めるとともに、第三者である専門家による調査の実施とその調査報告書の提出を求めることが必要です。

ⅲ　事業の終了に当たっては、土地等の明渡し等、あらかじめ協定等で定めた資産の取扱いに従って実施します。

（6）PFI事業におけるリスクの種類とリスク分担

❶ リスクの種類

　PFI事業においては、その過程においてさまざまなリスクが潜在しています。そうした主要なリスクには、次の種類があります[8]。

ⅰ　**調査、設計に関わるリスク**

　　設計遅延、設計費用の実績の約定金額比超過、設計成果物の瑕疵等

ⅱ　**用地確保に関わるリスク**

　　用地確保の遅延や、用地確保の実績費用の約定金額超過リスク

ⅲ　**建設に関わるリスク**

　　工事の完成遅延、工事の実績費用の約定金額超過、工事に関連した第三者に対する損害、完成物の瑕疵等

ⅳ　**維持管理・運営に関わるリスク**

　　運営開始の遅延、公共サービス利用度の当初想定との相違、維持管理、運営の中断、施設の損傷、維持管理、運営に係る事故、技術革新、修繕部分等の瑕疵等

ⅴ　**事業終了段階でのリスク**

　　事業終了段階では、事業者が公共施設を撤去、原状回復して、公共主体に譲渡するケースがありますが、その費用を協定等の締結時点で想定し

ていても、現実に必要となる費用がそれを上回ることがあります。

vi　各段階の共通リスク

各段階に共通する主要なリスクとしては、不可抗力、物価の変動、金利の変動、為替レートの変動、税制の変更、許認可の取得等施設の設置基準の変更、管理基準の変更、関連法令の変更等があります。

❷ リスク分担の検討

リスクが表面化した場合に公的主体と民間業者との間でそれによる損失をどのように分担するかをあらかじめ定めておくことが重要となります。

リスク分担についてのポイントは、次のとおりです。

i　まずもって予想されるリスクを明確化する。そして、その原因と評価を行う。リスク評価については、定量化が基本となるが、それが難しい場合には定性評価を行う。また、リスクが合理的に軽減、除去ができる場合には、その費用を推計する。

ii　事業ごとにリスクの種類、程度が異なることから、リスク分担は個々のケースに照らして検討する。

iii　リスク分担は、そのリスクを最もよく管理することができる者が分担する。具体的には、公共主体と民間業者のどちらが、リスク顕在化を低コストで防止できるか、リスク顕在化の可能性が高まった場合に低コストで対応できるか、等を比較検討する。

iv　具体的なリスク分担としては次の方法が考えられる。

 a.　公的主体か民間業者の一方が負担する方法

 b.　双方が一定の割合で負担する方法

 c.　一定額まで公的主体か民間業者の一方が負担してそれを超えた場合には、公的主体か民間業者の一方が負担するか双方が一定の割合で負担する方法

 d.　一定額まで双方が一定の分担割合で負担してそれを超えた場合には、公的主体か民間業者の一方が負担する方法

 e.　なお、想定外の災害リスクの増大や著しい事業環境の変化等により当初のリスク分担が著しく不適切になった場合には、リスク分担等

の見直しに関する協議を行う⁹。

（7）PFIの評価

　公共施設の整備事業をPFIとして実施するかどうかについては、PFIとして実施することにより、当該事業が効率的かつ効果的に実施できることを基準としています。そして、その判定基準にVFMが活用されます。

❶ VFMとは？

　VFM（Value For Money）は、所要資金（Money）に対応する価値（Value）を意味し、PFIでは、支払コストに対して質の高い公共サービスを提供するかどうかを評価する指標を意味します。

　すなわち、VFMは、

i　公的主体が要すると同じコストで民間主体が実施する方が公共サービスの質的向上ができるか、または、

ii　公的主体が要するコストより低いコストで民間主体が実施しても質的低下を招かないか、

を評価する指標です。

　このように、VFMは、公的資金の負担減少に重きを置くあまり公共サービスの質が低下するようなことがあってはならず、PFIによって効率的に質の高い公共サービスを提供することを指向するコンセプトをベースとしています。

　なお、同じ目的を持つ2つの事業を比較する場合、支払に対して価値の高いサービスを供給する方を「VFMがある」といい、残りの一方を「VFMがない」といいます。

❷ VFMの算出

　VFMを算出する要素は、支払とサービスの価値の2つがあります。

　このうち支払は、事業期間全体を通じた公的財政負担の見込額の現在価値であり、サービスの価値は、公共施設の整備等によって得られる公共サービスの水準です。

　また、公共主体が自ら実施する場合の事業期間全体を通じた公的財政負担

見込額の現在価値をPSC（Public Sector Comparator）といい、PFI事業として実施する場合の事業期間全体を通じた公的財政負担の見込額の現在価値をPFI事業のLCC（Life Cycle Cost）と呼んでいます[10]。

i　PSCの算定

PSCの算出は、次の手順で行います[11]。

a.　設計、建設、維持管理、運営の段階ごとに、原則として発生主義に基づき経費を積み上げます。

b.　各年度の公的財政負担となる事業費用の額を現在価値に換算してその総額を求めます。

c.　資金支出の現在価値の総額でPSCとPFIのLCCを比較する場合は、さらに、キャッシュ・フローの計算を行います。

d.　設計、建設、維持管理、運営の段階ごとのリスクと各段階に分別できない事業全体のリスクを個別に定量化して算入します。

e.　事業に必要な企画段階及び事業期間中における人件費や事務費等の公共部門の間接コストは、合理的に計算できる範囲でPSCに算入します。

ii　LCCの算定

LCCの算出は、次の手順で行います[12]。

a.　民間業者が事業を行う費用を、設計、建設、維持管理、運営の段階ごとに推定、積み上げて、そのうえで公共施設の管理者等が事業期間全体を通じて負担する費用を算定します。

b.　積み上げに当たっては、コンサルタントの活用、類似事業に関する実態調査や市場調査を行う等により算出根拠を明確にしたうえで、民間事業者の損益計画、資金収支計画を各年度に想定、計算します。なお、計算には民間事業者が求める適正な利益、配当を織り込みます。

c.　間接コストについては、PSCの算定のeに準じます。

d.　以上により想定された各年度の公的財政負担の額を現在価値に換算し、その総額を求めます。

❸ VFMの評価

VFMの評価を行うに当たり、公共部門自らが実施する場合とPFI事業として実施する場合に、公共サービス水準を同一として評価するか、公共サービス水準を同一に設定することなく評価するかにより、評価の比較方法が異なることとなります。

i　同一の公共サービス水準の下で評価する場合
PSCとPFI事業のLCCとの比較により行う。
PFI事業のLCC＜PSC　⇒PFI事業にVFMがある。
PFI事業のLCC＞PSC　⇒PFI事業にVFMがない。

ii　公共サービス水準を同一に設定することなく評価する場合
PSC＝PFI事業のLCCであっても、PFI事業の公共サービス水準の向上が期待できる　⇒PFI事業にVFMがある。
PFI事業のLCC＞PSCであっても、PFI事業でその差を上回る公共サービス水準の向上が期待できる　⇒PFI事業にVFMがある。

このiとiiは、VFMの評価を行うにあたり、PFI事業がどのようなステージにあるかにより使い分けをします。
すなわち、PFI事業の選定の段階では、民間業者の計画がまだ明らかではないことから、公共サービス水準を同一に設定した上でPSCとPFI事業のLCCをそれぞれ算定し、これらを比較することが基本となります[13]。
これに対して、民間業者の計画が明らかとなった段階では、当該計画の公共サービス水準を評価し、これをVFMの評価に加えることが可能となります。

❹ VFM活用の留意点

VFMを活用するにあたっては、主に次の点に留意する必要があります[14]。
i　VFMは、あくまでも公共サービスの効率性の議論であり、必要性の議論ではありません。必要性の議論は公共サービスとしてどうして必要なの

かという観点や、後年度財政負担能力の観点から、別途行う必要があります。

ii　公共サービスの導入可能性について調査するにあたって、VFM評価の役割は極めて重要となります。その際、事業企画、事業評価、事業者選定の各段階における状況を適切に反映させつつ、段階的に評価を試みることが必要です。

iii　VFMでは、事業のライフサイクル全体を民間に委ねることによる適切なリスク分担、組み合わせのメリット、早期実施のメリットが挙げられ、これらを踏まえてVFMをどのように向上させていくのかについて議論することが重要となります。

（8）PFIの事例

以下では、PFIのケースをいくつか概観することとします。

❶ 横浜市水道局の浄水場更新と運営・維持管理一体のPFI導入[15]

横浜市では、横浜市の西部方面に給水している川井浄水場が老朽化と耐震性に課題があったことから、浄水場全体の更新と運営、維持管理をPFI事業（BTO方式）として実施しました。この結果、セラミック膜を用いたろ過の水道水を作る最新鋭の浄水場に生まれ変わりました。

横浜市では、PFIを導入したメリットとして、次の諸点をあげています。

i　VFMが約6％見込まれること。

ii　民間に蓄積されている膜ろ過方式に関する技術力やノウハウの活用ができること。

iii　設計、建設、維持管理までの一体事業により、トータルコストの削減、施設整備、施設の運転管理でのコスト削減等、財政支出の軽減化が可能であること。

iv　運転管理、事故、災害時のリスクに関して、事業者との適切なリスク分担、管理により、安定した事業運営が可能であること。

❷ 静岡県函南町地域活性化・交流・防災拠点整備事業

　静岡県函南町は、官民協働で交通安全機能、観光振興・地域活性化機能、防災機能を兼ね備えた施設の整備、運営を行うことを検討しました[16]。

　この背景には、東駿河湾環状道路の函南塚本 IC までの延伸による東名高速道路及び新東名高速道路からの交通利便性向上、観光資源の豊富な伊豆半島北部に位置するとの好ロケーション、そして、同町周辺は東海地震や南海トラフ巨大地震の発生が想定され、同町を通る国道136号が緊急輸送道路に位置づけられていること、といった諸要因があります。

　そして、2014年に事業方式をBTO方式とする実施方針が公表されました。これによると、同町は、施設の整備費や維持管理・運営費を事業者側へ支払う一方、物産販売所や飲食施設等の運営事業は民間の創意工夫が働くよう、事業者が直接利用者より収入を受け取る独立採算型を採用しています（図表5）。

【図表5】静岡県函南町のBTO方式のスキーム

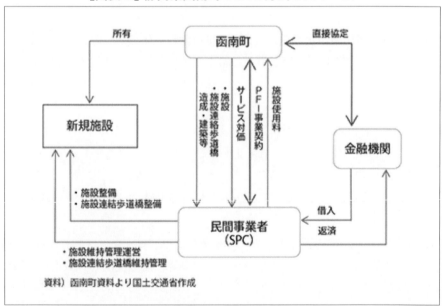

（出所）国土交通省「国土交通白書2016平成27年度年次報告」2016.7.14
（原典）静岡県函南町

　こうした BTO 方式の導入により、函南町により運営管理が適切に行われる一方、民間の創意工夫による地域の賑わい創出や観光産業の活性化を指向することができます。

　このケースで選定された事業者（SPC）は、地元企業と PPP/PFI のノウハウを有する都市圏の企業から構成されており、効率的な運営が可能になるとともに地元企業のノウハウの蓄積や地域の活性化が図られています。

（9）PFI の状況
❶ 全体の実績

　PFI の推移をみると、図表 6 のように、2019 年度の PFI 事業数は 77 件で、PFI 法の制定以降最多の件数となりました。また、2019 年度末で事業数の累計は 818 件、契約金額の累計は 65,539 億円です[17]。

　このうち、コンセッション事業の累計は 35 件となっています。

【図表6】PFI事業の実施状況

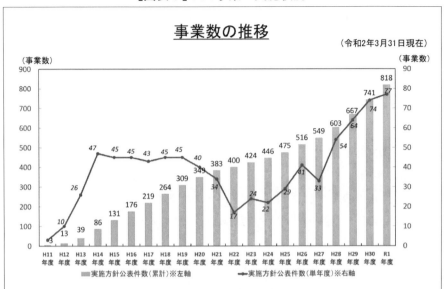

事業数の推移

(令和2年3月31日現在)

(注1)事業数は、内閣府調査により実施方針の公表を把握しているPFI法に基づいた事業の数であり、サービス提供期間中に契約解除又は廃止した事業及び実施方針公表以降に事業を断念しサービスの提供に及んでいない事業は含んでいない。

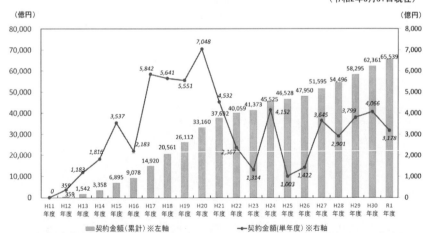

契約金額の推移

(令和2年3月31日現在)

(注1)契約金額は、実施方針を公表した事業のうち、当該年度に公共負担額が決定した事業の当初契約金額を内閣府調査により把握しているものの合計額であって、公共施設等運営権方式における運営権対価は含んでいないなど、PPP/PFI推進アクションプラン（令和2年7月17日民間資金等活用事業推進会議決定）における事業規模と異なる指標である。
(注2)グラフ中の契約金額は、億円単位未満を四捨五入した数値。

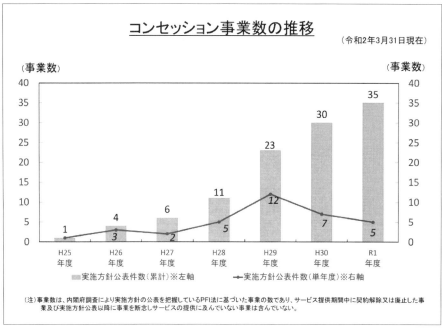

(出所) 内閣府民間資金等活用事業推進室「PFI事業の実施状況」2020.9.23

❷ PFIの分野別実施方針公表件数

　PFIの分野別実施方針公表件数をみると、図表7のように、学校や文化施設等の教育・文化関係が全体の3分の1を占めており、次いで道路、公園、下水道施設、港湾施設等、公のまちづくり関係が多い状況にあります。

【図表7】PFIの分野別実施方針公表件数

分野別実施方針公表件数

(令和2年3月31日現在)

分　野	事業主体別			合計
	国	地方	その他	
教育と文化(社会教育施設、文化施設 等)	3	231(23)	42(2)	276(25)
まちづくり(道路、公園、下水道施設、港湾施設 等)	21(3)	174(23)	2	197(26)
健康と環境(医療施設、廃棄物処理施設、斎場 等)	0	120(9)	3(1)	123(10)
庁舎と宿舎(事務庁舎、公務員宿舎 等)	47(2)	20(4)	6	73(6)
安心(警察施設、消防施設、行刑施設 等)	8	18	0	26
生活と福祉(福祉施設 等)	0	25(1)	0	25(1)
産業(観光施設、農業振興施設 等)	0	21(3)	0	21(3)
その他(複合施設 等)	7	68(5)	2(1)	77(6)
合　計	86(5)	677(68)	55(4)	818(77)

(注1)事業数は、内閣府調査により実施方針の公表を把握しているPFI法に基づいた事業の数であり、サービス提供期間中に契約解除又は廃止した事業及び実施方針公表以降に事業を断念しサービスの提供に及んでいない事業は含んでいない。
(注2)括弧内は令和元年度の実施件数(内数)

(出所)内閣府民間資金等活用事業推進室「PFI事業の実施状況」2020.9.23

⑤　コンセッション方式

(1) コンセッション方式とは？

❶ 2011年の改正PFI法

　2011年の改正PFI法で、公共施設の管理者は、民間事業者に公共施設等運営権を設定することができるとするコンセッション方式(公共施設等運営権方式)が新たに導入されました。

　コンセッション方式は、施設の所有権は公共セクターに残したまま、運営権を有償で民間事業者に付与する方式です。

　すなわち、コンセッション方式は、次の3つの要件から構成されます。

i　公的主体に所有権が属する施設

　したがって、既存施設のみでなく、新設して公的主体に所有権が移転される施設も含まれます。また、施設自体の所有権であり、施設の敷地の所有権まで有する必要はありません。

ii 利用料金を徴収する施設

したがって、事業費の回収方法による分類のなかの独立採算型（第4章4（2）PFIのカテゴリー参照）であることが必要です。

iii 運営等を行い、利用料金を自らの収入として収受する事業

したがって、施設を運営・維持管理することを含みますが、建設は含まれません。

なお、2011年の改正PFI法では、公的主体から許可を得ることを条件として、公共施設等運営権の譲渡の規定を設けています。これは、運営権者による事業継続が困難となった場合においても、公共サービスの継続的な提供ができるように手当てされたものです。

❷ 2015年の改正PFI法

2015年にPFI法の改正があり、コンセッション事業の円滑で効率的な実施を図るため、専門的ノウハウを有する公務員をコンセッション事業者へ派遣させる制度が創設されています。

この背景には、仙台空港等のケースで、専門的ノウハウを有する公務員を事業初期段階に派遣することについて民間から強いニーズが存在した経緯があります。

そして、この改正法と関係法令等では、コンセッション事業の円滑で効率的な実施を図るため、専門的ノウハウを有する公務員を退職派遣させる制度を創設する措置を講ずることが内容となっています。

・対象法人：コンセッション事業者（公共施設等運営権者）

・対象職員：国家公務員又は地方公務員

・手続：

i コンセッション事業者は、派遣される公務員の業務内容及び期間等を含めて、公共施設等運営権実施契約を締結

ii 任命権者の要請に応じて職員が退職し、対象法人の業務に従事（退職派遣）

・職員の処遇：退職派遣期間終了後は公務員に復帰することを前提とし、退職手当について退職派遣期間を100％通算

【図表8】コンセッション方式のフレームワーク

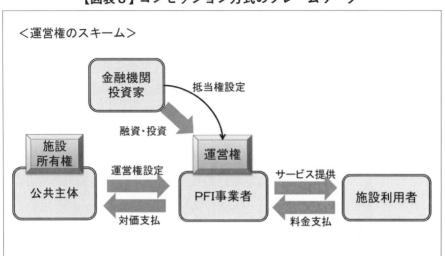

<＜運営権のスキーム＞>

金融機関
投資家

抵当権設定

融資・投資

運営権

施設
所有権

運営権設定

サービス提供

公共主体

PFI事業者

施設利用者

対価支払

料金支払

(出所)内閣府「公共施設等運営権及び公共施設等運営事業に関するガイドライン」2018.11.20 p5

(2)コンセッション方式のメリット

❶ 公共部門

　公共部門は、コンセッション方式により、公共施設等の事業運営に関わるリスクを民間業者にシフトするとともに、民間業者から公共施設等運営権の売却資金を得ることにより、施設収入の早期回収が可能となり、財政負担を軽減することができます。

　また、民間の創意工夫により質の高い公共サービスが提供され、延いてはインフラの価値を高めるインセンティブが働く、といったPPPの狙いとする効果の発現が期待されます。

❷ 民間業者

　民間業者は、コンセッション方式により公共施設等運営権を握ったうえで、ノウハウや創意工夫による公共施設等の運営からの料金収入という利益機会を期待することができます。

　すなわち、民間部門では、利用料収入の拡大のためにさまざまな施策を講じるといった自由度が得られ、公共施設の効率運営や増収施策に幅広い業種の民間業者のノウハウや創意工夫が生かされることになります。

　また、民間業者は、公共施設等運営権を財産権として抵当権を設定することにより資金調達の円滑化を図ることも可能です。なお、公共施設等運営権の設定、移転や抵当権の設定については、不動産登記と同様に、公共施設等運営権に関わる登録制度が創設されていて、登録簿への登録が権利の対抗要件となります。

　一方、税制面では、従前からの特例として、PFI事業者が公共施設等を整備し取得する場合に課される不動産取得税、固定資産税、都市計画税について、サービス購入型かつBOT方式であること等の一定の要件を満たす場合には、課税標準の2分の1を軽減する措置が制定されています。

　改正PFI法では、これに加えて、公共施設等運営権を法人税法上の減価償却資産（耐用年数は存続期間）とする特例措置が追加されました。この特例措置により、民間業者は、公共施設等運営権取得に際に要した金額について、後年度に亘って損金算入が可能となり、運営期間中の法人税負担が軽減されることとなります。

❸ 金融機関

　金融機関は、民間業者が獲得した公共施設等運営権に対して、登録により対抗要件の具備が可能な形で抵当権を設定することができます。

　そして、運営権者による事業運営のパフォーマンスが不調な場合には、金融機関は抵当権をバックにしてハンズオンで事業の業績回復を図るとか、運営権者から第三者に運営権を譲渡させる等の措置を講じて、事業運営の安定的な継続を図ることができます。

　また、そうした措置も不調に終わったような場合には、最終的に抵当権の実行により資金回収を行うことが可能です。なお、抵当権を実行、競売して第三者へ運営権を移転するにあたっては公的主体の許可が必要となります。

❹ 施設利用者

　コンセッション方式により、民間業者は、ノウハウや創意工夫を駆使してさまざまな施策を講じる自由度が得られることから、施設利用者は質が高い公共サービスを受けることが期待できます。

（3）コンセッション事業の進捗状況

　コンセッション事業の進捗状況を分野別にみると図表9の通りです。

【図表9】コンセッション事業の主な進捗状況（2020年4月9日時点）

分野	対象施設	
	運営事業を実施中	その他（注）
空港	但馬、仙台、関西国際大阪国際、神戸、高松、鳥取、南紀白浜、福岡、静岡、熊本、北海道内7空港	広島空港
水道		宮城県、大阪市、伊豆の国市（静岡県）
下水道	静岡県浜松市、高知県須崎市	宮城県
道路	愛知県道路公社	
文教施設	旧奈良監獄	有明アリーナ、大阪中之島美術館
クルーズ船向け旅客ターミナル施設		博多港
MICE施設	愛知県国際展示場	横浜みなとみらい国際コンベンションセンター、福岡市ウォーターフロント地区、沖縄コンベンションセンターおよび万国津梁館
公営水力発電		鳥取県
工業用水道		熊本県、鳥取県、宮城県、大阪市、香川県三豊市

分野	対　象　施　設	
	運営事業を実施中	その他（注）
その他の施設	福岡県田川市（芸術起業支援施設）、滋賀県大津市（ガス）、福岡県田川市（駅舎）	岡山県津山市（町家群）

(注) 運営事業開始予定、実施契約締結、優先交渉権者選定、募集要項公表、デューディリジェンス実施、マーケットサウンディング実施等。
(出所) 内閣府民間資金等活用事業推進室「コンセッション事業の主な進捗状況」を基に筆者作成

（4）CASE：空港、下水道

❶ 空港

国内空港では、コンセッション方式を採用しているケースがいくつかみられます。

これには、2013年に策定、施行された民活空港運営法が大きく寄与しています。日本の空港管理体制は、滑走路は国が管理して、空港ビルは民間が管理、運営することで主体が分別されていました。

しかし、この法律で、国管理空港における特定運営事業の実施として、PFI法に規定する公共施設等運営権制度により、滑走路の運営と空港ビルの運営とを一体で民間に委託することが可能となり、民間の資金や創意工夫を活かした空港活性化に向けた取り組みができるようになりました。

このように、この法律は、民間事業者が着陸料等を収受して空港の運営を行う特定運営事業を実施する場合における必要な措置について定めており、空港に対するコンセッション方式の枠組みが明確となりました。

CASE：仙台空港

空港におけるコンセッション方式導入の第1号案件は、仙台空港です[18]。

仙台空港は、国の管理する空港です。仙台空港は、乗降客数も貨物取扱量も伸び悩んでいましたが、2011年の東日本大震災の復興のシンボルとしてその活性化を目指して、2013年には、官民共通の指針となる「仙台空港及び空

港周辺地域の将来像」が策定されました。

　そして、民活空港運営法の施行により、本格的に検討が進められ、この結果、仙台国際空港（株）に、当初30年、最長65年の運営権が設定されることとなりました（図表10）。

　これにより、仙台空港から宮城県外の東北地方各所への2次交通の充実、柔軟な着陸料設定、東北ブランドの積極的な発信による積極的なエアポートセールスによる路線の誘致等、民間の創意工夫を活かした運営が進められています。

【図表10】仙台空港のコンセッション方式スキーム

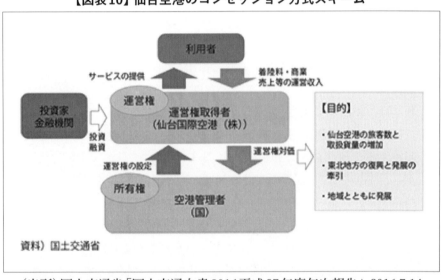

（出所）国土交通省「国土交通白書2016平成27年度年次報告」2016.7.14

❷ 下水道

　国土交通省では、下水道施設が老朽化により大量更新の時期にある一方、下水道事業は採算性が厳しく、また、管理やリスク分担が難しく、コンセッション方式を柔軟に活用することで民間の創意工夫を取込んで、地方公共団体の財政負担の縮減を指向することが望まれる、としています[19]。

CASE：浜松市 👥

　下水道施設におけるコンセッション方式の導入ケースに静岡県浜松市があります。浜松市では、2016年に静岡県から西遠流域下水道事業の移管を受けましたが、その維持管理の技能承継の必要性や、先行きの老朽化に伴う施設の維持更新の必要性、さらには人口減少に伴う使用料収入の減少見込みといった課題を抱えており、それに対応するために官民連携を利用した事業効率化が検討されました。

　その結果、長期契約による効率的管理と、民間の創意工夫を活かした運営が期待できるとして、浄化センターとポンプ場について運営権を設定する部分型コンセッションの導入が決定されました。その業務範囲には、施設の維持管理と改築に加えて、新たな処理工程の導入や太陽光発電等の独立採算事業も認められています（図表11）。

【図表11】浜松市公共下水道処理場のコンセッションの業務範囲

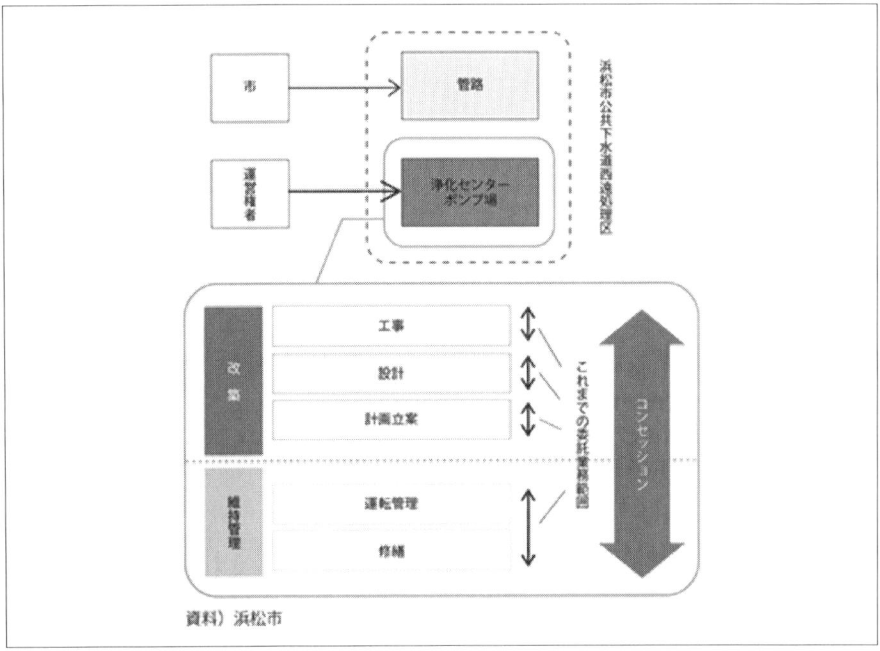

資料）浜松市

（出所）国土交通省「国土交通白書2016平成27年度年次報告」2016.7.14
（原典）浜松市

⑥　指定管理者制度

（1）指定管理者制度とは？

指定管理者制度は、2003年の地方自治法の改正により導入された制度で、この制度により、従来の民間委託では民間に委託できなかった業務のうち、公の施設の料金の設定・収受や施設の使用許可を指定した民間事業者に委託することが可能となりました。

民間に委ねることが可能な範囲は、事業分野ごとに異なるものとなっており、例えば、公の施設の料金の設定・収受、施設の使用許可は、公園や港湾分野では可能ですが、下水道、道路及び空港分野ではできないこととなっています。

指定管理者制度に似た制度に民間委託がありますが、民間委託は民法による業務委託となる一方、指定管理者制度は、地方自治法が根拠法となります。

したがって、民間委託は、公的機関と民間事業者間の契約で成立しますが、指定管理者制度は、公的機関が民間事業者を指定する行政処分となります。

また、コンセッション方式（公共施設等運営権制度）と指定管理者制度とを比較すると、コンセッション方式は民間事業者等の経営の自由度がより高められた制度となっています（図表12）[20]。

【図表12】コンセッション方式と指定管理者制度との比較

	コンセッション方式	指定管理者制度
法律	PFI法	地方自治法
施設	PFI法で定める公共施設等	地方自治法で定める公の施設
管理者	国、地方公共団体、独立行政法人、公共法人	地方公共団体
事業者		
範囲	法人	法人その他団体（地方独立行政法人は除く）
選定	公募の方法等を原則として、価格、サービスの質等を評価、選定	行政処分として指定。したがって、入札の対象とならない

	コンセッション方式	指定管理者制度
法的性格	みなし物権	行政処分による管理の包括的委任
料金		
設定	事業者が定めて管理者に届出る	指定管理者が定めて地方公共団体の承認を受ける
収受	事業者が自己の収入として収受	適当と認めるときは指定管理者の収入として収受することができる
抵当権設定	可能	不可
譲渡	可能	不可

(出所)国土交通省総合政策局官民連携政策課「多様な民間事業者の参入に向けて－公共施設等運営権制度の活用－」国土交通省2014.7 p6をもとに筆者作成

（2）CASE：宮城県公立黒川病院

　仙台の北部の黒川地域に位置する公立黒川病院は、一般病院として重要な役割を担ってきましたが、2000年頃から、常勤医師の転出、医師の確保難、患者の減少、医療サービスの競合といった要因に加えて、民間に比べて制約や規制が多く病院長の裁量権は軽微なものに限られていることから、機動的な運営をすることが困難な状況にあり、病院経営は危機的な状態に陥りました[21]。

　こうしたことから、黒川地域行政事務組合は病院の再建に向けて検討を重ねた結果、指定管理者制度を活用して、2005年に社団法人地域医療振興協会による管理運営に移行しました。

　管理運営に移行後は、指定管理者が全国を対象に医師確保対策に乗り出し、医師が増員となり医療の質も向上しました。この結果、患者の受け入れ体制が充実し、外来患者数も入院患者数も増加、療養病棟を増床するなど、病院の経営は軌道に乗りました。

⑦　包括的民間委託

（1）包括的民間委託とは？

　PPPの手法の1つに包括的民間委託があります。これは、公共施設の管理運営業務につき詳細に亘る業務運営を定めることはせず、機能の内容に絞って発注する「性能発注方式」で民間業者に業務を委託する方式です。これにより、民間のノウハウ、創意工夫をフルに発揮した効率的、効果的なサービスの提供が期待できます。

　包括的民間委託に対する契約形態は、個別業務委託です。個別業務委託では、定形業務や民間事業者の専門知識や技能を要する業務、付随業務の一部を民間事業者に外注する内容となります。

（2）包括的民間委託の特性

　包括的民間委託の特性は、次のように整理することができます。

①複数の業務や施設を包括的に委託する。

　受託者である民間事業者は、複数業務を包括的に実施することにより、スケールメリットの発揮をはじめとする諸経費の節減等、効率化を図ることが可能となります。

　また、委託者である公的機関は個別に行っていた業務等を複合的に発注することから、契約手続業務の軽減を図ることができます。

②包括委託の対象となる施設や業務の範囲はさまざまなパターンがある。

　例えば下水道であれば、下水道管、下水処理場、集落排水施設、ポンプ場等の施設を一括委託し、また、業務については清掃、巡視、点検、調査、緊急対応、小規模修繕等のパッケージ委託を行うパターンがあります。

③複数年契約が多い。

　複数年の契約期間により人材確保や設備投資の計画が立てやすい等、民間事業者の創意工夫が発揮でき、また、経験が蓄積されることが期待できます。

さらに、災害等の緊急時には、期間を経て状況を把握した経験ある業者によって迅速、適切に対応できることもメリットとして挙げられます。

一方、委託者である公的機関は複数年契約にすることにより、契約手続業務の軽減を図ることができます。

なお、個別業務委託の契約は、1年ごとに更新する単年度契約が一般的となっています。

④性能発注方式が基本となる。

受託者である民間事業者に対して一定の性能確保を条件として課す一方、運営方法の詳細は民間事業者の自由裁量に任せる性能発注方式をとるケースが基本となっています[22]。

これにより、性能が発揮されている限り、職員数等については民間事業者の自由裁量となり、事業者は創意工夫を凝らした効率的な管理運営が可能となります。

また、苦情への対応は、民間事業者が委託者の指示を待つことなく迅速に行うため、インフラのユーザーの顧客満足度が高くなることが期待できます。

性能発注方式に対する方式は、仕様発注方式です（図表13）。

【図表13】性能発注方式と仕様発注方式

項　目	性能発注方式	仕様発注方式
民間事業者	民間企業が運営主体となって業務を行う。	仕様書に従って、公的機関の補助者として業務を行う。
業務の委託範囲	包括的な委託	部分的な委託
契約年度	複数年契約	単年度契約
民間事業者の業務運営の自由度	民間事業者の裁量により運営可能	民間事業者の裁量は限定的
民間事業者の創意工夫	創意工夫を存分に発揮可能	仕様書通りに業務を行うことが必要で、創意工夫の余地は小さい。

（出所）自治体ビジネスドットコム「公民ビジネスにおける民間委託とは？」
2020.3.18を基に筆者作成

（3）CASE：下水道施設、道路

❶ 下水道施設の維持管理における包括的民間委託

「公共サービス改革基本方針」（2007.10閣議決定）に基づき、下水道施設の維持管理における包括的民間委託が推進されています。

発注方式は、放流水質等について要求水準を設定する性能発注が基本となります。

千葉県では、従来、県の流域下水道の維持管理を県の下水道公社に委託していましたが、下水処理サービスの質を確保しつつ民間のノウハウ等を活かし、より効率的な維持管理を行うことを目的として、2007年から順次、処理場に包括委託を導入しました[23]。

委託業務内容は、処理施設の運転や監視、保守点検、小修繕、管渠の巡視、保守点検等、多岐に亘っています。

❷ 道路の維持管理における包括的民間委託

福島県は、先行きのインフラ老朽化に伴う維持管理費用の増大、人口減少等に伴うインフラニーズの多様化、さらには国道4号の国から県への移管に伴う職員の不足等の要因を背景に、インフラの業務の効率化を図るため、官民連携を拡大した手法の導入を検討しました。

その結果、次のメリットがある仕組みを構築、導入することを基本方針とした業務の包括的な民間委託スキームを採用することを決定しました。

a.　維持管理を行う民間が適切な利益を享受できること。

b.　業務内容を高度化し魅力ある事業とすること。

c.　公的主体の職員作業の軽減効果があること。

d.　維持管理コストの低減が期待できること。

⑧　LABV

（1）LABVとは？

LABV(Local Asset Backed Vehicle)は、地方公共団体が土地や公共施設といった公的不動産を現物出資し、民間事業者が金銭出資とノウハウを提供す

ることにより官民共同事業体（ジョイントベンチャー）を設立して、官民共同で公的不動産の開発事業を実施するスキームです[24]。

このLABVスキームは、英国で2000年代から活用され始めた公的資産利活用手法で、地方公共団体の財政を圧迫することなく、公共施設の更新や都市の再開発を可能にするというメリットを持っています。

また、LABVが行う事業は、それぞれの事業ごとにSPV（Special Purpose Vehicle、特別目的事業体）を設立して行うことになり、また、事業で得た利益は再びLABVを通じて公共部門と民間部門に配分されることから、事業が生んだ利益を次のプロジェクトに再投資して、持続的な開発を行うことができます。

（２）LABVスキームの特徴

LABVスキームが持つ主な特徴は次の通りです。

①公共部門は、土地をはじめとする公有資産の現物出資だけで民間資金を活用することができ、また、民間部門は、用地等の不動産を買収する資金を要することなく事業への参加ができる。

②公共部門における人的資源や開発ノウハウの不足を民間部門が持つ豊富なスキルで補うことができる。

③公共部門が事業者として事業に関与することにより、公的不動産のコントロールを保持しながら地域全体の戦略的な再開発ができる。

（３）CASE：英国、日本のまちづくり

❶ 英国

英国ロンドン市クロイドン区は、2008年にクロイドン区が所有する土地を現物出資、民間がその土地の価値に相当する金額の現金出資を行う官民各50％出資、期間28年のLLP（Limited Liability Partnership、有限責任事業組合）を設立しました[25]。

そして、クロイドン区所有の土地は、公共施設として新庁舎やレジャーセンター（温水プール、体育館、ジム）、公的住宅の整備に、また、民間施設とし

て住宅・商業施設の整備に活用される等、都市開発事業が展開されています。

この各々のプロジェクトの立ち上げに当たっては、プロジェクトごとにLLPが設立されています。そして、プロジェクトの実施により得られた収益は、出資比率に応じて還元されるスキームとなっています。

このケースでは、クロイドン区にとって、28年間という長期に亘って民間パートナーと連携することにより、長期的な観点から地域の活性化に向けた取り組みを実施することができる点と、民間事業者に魅力的な公的不動産を出資することにより事業者の参画意欲を高めることができた点が、大きなメリットとなっています[26]。

❷ 日本

山口県南西部に位置する山陽小野田市は、市が所有する商工センターの老朽化に伴い、商工センター内に拠点を持つ小野田商工会議所と、近隣店舗の更新を検討する山口銀行をパートナーとして、商工センター施設の再整備とエリアの面的活性化に向けたまちづくりに取り組む官民連携事業（PPP）を検討しています[27]。

この取り組みでは、国内初のLABVの実現を目指して、商工センターの再開発にとどまらず、エリア内での連鎖的なハード、ソフト事業の創出を視野に、当エリアのまちづくりに資する効果的で実現性の高い事業手法を導くこととしています。

なお、この取り組みは、国土交通省の先導的官民連携支援事業として採択されています。

✍ コラム　オガールプロジェクト

LABVに類似したケースとして岩手県紫波町（しわちょう）が手掛けたオガールプロジェクトがあります。

岩手県紫波町は、1997年にJR東北本線の紫波中央駅前開発を指向して、駅前の土地10.7haを買収しましたが、その後、10年以上計画は進捗しないまま

になっていました。

その後、紫波町では、官民連携の手法を活用してこの土地を再生する計画を策定して、オガールプロジェクトがスタートしました。なお、オガールは、成長を意味する紫波の方言である「おがる」と、駅を意味するフランス語 Gare の合成語です。

まず、このプロジェクトを進めるため、オガール紫波株式会社が設立されました。オガール紫波株式会社の出資者は、紫波町（39％）のほか、農協、地元テレビ会社、地方銀行、信用金庫等で、すべて金銭出資の形をとっています。

そして、この会社がオガールプラザ株式会社を SPV として設立、オガールプラザが金融機関からの融資や民間都市開発推進機構（MINTO 機構）からの出資を元手として、性能発注を行い、民間会社から提案を受けるという形でオガールプロジェクトが進行しました。

このオガールプロジェクトは、公有不動産の活用と、官民出資の事業会社による民間資金の調達という点が LABV と似ていますが、紫波町は土地ではなく金銭出資をしている点が LABV とは異なっています。

オガール地区の土地利用と施設は、①オガール広場、②役場庁舎（役場本庁舎が老朽化、また、庁舎が分散していた）、③図書館（それまで町には図書館がなかった）、④オガールタウン（分譲住宅）、⑤オガールプラザ、⑥県フットボールセンター等から構成されます。

このうち、オガールプロジェクトの中心となるオガールプラザは、次の通り文字通りの官民複合の施設です。

・公共施設：図書館、地域交流センター、子育て応援センター
・民間施設：産直紫波マルシェ、眼科クリニック、歯科クリニック、カフェ、居酒屋、学習塾、事務所

⑨ 公的不動産の証券化

(1) 公的不動産の状況

　日本全体の建物、構築物及び土地資産額を合計した不動産の規模は2,606兆円ですが、そのうち、企業不動産は430兆円であるのに対して公的不動産（Public Real Estate、PRE）は890兆円と企業不動産の規模を上回っています[28]。また、公的不動産のうち、地方公共団体が所有する不動産は585兆円と66%を占めています。

　このような状況下、地方公共団体等の公的主体では、都市構造変化による公共施設の統廃合や、施設老朽化の対応、財政健全化の対応のために、公的不動産の適切で効率的な管理、運用が重要な課題となっています[29]。

　すなわち、これまで住宅や店舗等の郊外立地が進んだ多くの地方都市では、人口減少が進行しており、また、大都市では、郊外部を中心に高齢者が増加しています。

　こうしたなかにあって、地方財政は、少子高齢化や生産年齢人口の減少による税収の減少の一方、新型コロナへの対応や扶助費等の歳出が増加する等、財政事情の一段悪化を招来しています。

　そこで、政府や地方公共団体ではさまざまな施策を講じて、公的不動産の活用推進に取り組んでいます。

(2) 公的不動産の民間活用

　公的不動産の主要な所有主体である地方公共団体は、老朽化した公共施設の集約・再編を含む維持管理に加えて、公的不動産を地域活性化や街づくりのために有効活用するといった積極的な取り組みを通じて、地方財政の一段悪化を抑制することが求められています。そうしたソリューションを実践に移すためには、民間の資金、ノウハウを活用することが重要なポイントとなります。

　公的不動産の活用のために、民間の資金とノウハウを導入することは、公共主体サイドにおいても、民間業者サイドにおいても大きなメリットを得るwin-winの効果を期待することができます[30]。

①公共サイド

ⅰ　公的不動産の活用による民間企業のビジネス活動をドライバーとして、地域の活性化を指向することができる。

ⅱ　公的不動産の売却、貸付けによる収益獲得が公共サービスの財源確保、維持管理コストの削減等を通じて地方財政の健全化に寄与することが期待できる。

②民間企業サイド

ⅰ　建設、不動産、施設運営、金融機関等、さまざまな分野の業者にとってビジネスチャンスが創出される。

ⅱ　公共サービスがテナントとなるケースでは、業者にとって安定収益が期待できる。

　もっとも、公的不動産の活用のために民間の資金とノウハウを導入することにより、公共サイドには、地域住民等に対する説明責任が生じるほか、民間事業者の倒産、撤退や反社会的勢力の介入など公共事業にはないリスクが発生する恐れがあり、こうしたリスクへの対策が必要となります。

　また、公的不動産を活用する民間企業サイドにとって、地方公共団体が設定する価格が市場価格と乖離した価格設定となるケースがあるほか、公的不動産の用途やスキームに関して制約条件が課されるケースがあることに留意する必要があります。

（3）公的不動産の証券化

　民間の不動産取引では、SPCやREITを活用した不動産証券化の手法が活用されています。公的不動産の活用においても、こうした不動産証券化が有力な方策として取り上げられ、民間の事業者と協働でさまざまなパターンによる公的不動産の証券化を推進して、財政健全化や地方創生に資することが指向されています。

　不動産証券化は、主として次のようなメリットがあります[31]。

①公的不動産の流動化効果

　不動産は、ロケーションも規模も老朽度や地形、土壌等の質的な面も1件

ごとにすべて異なっています。したがって、個々の不動産が金融商品と同じようにマーケットで活発に取引されることは困難です。

　しかし、民間事業者のノウハウを活用して公的不動産を証券化して流動性を付与することにより、多様な投資家の投資対象とすることができます。

　特に機関投資家は、ポートフォリオの分散投資、オルタナティブ投資の観点からアセットクラスの1つとして、不動産を組み入れることができます。

②公的不動産の活用推進効果

　公的不動産の活用に民間事業者による不動産証券化手法を導入することにより、民間事業者による公的不動産の各種ビジネスへの応用のアイディアが提案され、事業収益性の向上を期待することができます。

③地方の創生効果

　まちづくりの観点からは、民間事業者からさまざまなビジネスの提案がなされ、それが実現することにより、地方の創生につながることが見込まれます。

④財政ファイナンス効果

　財政の観点からは、不動産証券化手法の導入により、不動産自体が将来生むことが期待されるキャッシュフローを裏付けとして資金調達を行うこととなります。したがって、有利な条件でのファイナンスが可能となり、この結果、民間事業者からの提案価格が、地方公共団体等が想定していた価格よりも高い水準となることが期待できます。

(4) 証券化のプレイヤー

　不動産証券化スキームに関与する主要な当事者とその役割をみると次の通りです。

①オリジネーター

　オリジネーターは、証券化の対象となる不動産を保有している主体で、公的不動産の証券化では地方公共団体等の公的機関がオリジネーターとなりま

す。オリジネーターという名称は、不動産保有主体が証券化の源となる（オリジネート）ことからきています。

　また、証券化のプロセスにおいて、オリジネーターがSPCに不動産を譲渡することになりますが、この点を捉えてオリジネーターをセラーということもあります。

②SPC

　SPC（Special Purpose Company）は、通常の事業会社とは異なり、不動産の証券化という特別の目的のために設立された会社です。

　SPCの役割は、オリジネーターから不動産を譲り受けて、その不動産を裏付けにして証券を発行します。SPCは、会社のほかに信託等の形態のこともあり、SPV（Special Purpose Vehicle）とかSPE（Special Purpose Entity）ということもあります。

コラム　倒産隔離と真正売買

　不動産の証券化の大きな特徴は、資金調達のベースとなる信用力がオリジネーターの信用ではなく、証券化の対象となる不動産が生むキャッシュフローに依存することになる点にあります。

　したがって、たとえ不動産の原保有者であるオリジネーターが破産や会社更生法の適用になった場合にも、当該不動産が破産財団の管轄下に入るとか更正担保権として扱われることの無いようにすることがきわめて重要となり、そのためのスキームが必要となります。

　すなわち、証券化の裏付資産となる不動産が生むキャッシュフローが、不動産の原保有者であるオリジネーターの倒産から影響を受けないように隔離するスキームが必要となり、これを「倒産隔離」と呼んでいます。

　SPCは、オリジネーターの経営状態の悪化が譲渡不動産のキャッシュフローに累が及ぶことを防ぐ防波堤となるという重要な機能を持っており、これをSPCの倒産隔離機能といいます。

　ところで、オリジネーターからSPCに不動産が譲渡されたあとでも、実態はオリジネーターがその不動産に影響力を保持しているようなことがある場合には、当該不動産が裁判所や管財人による倒産手続きの対象になる可能性があります。そうなれば、不動産から生まれるキャッシュフローは倒産手続きの影響を受けることとなり、不動産の証券化商品を保有している投資家は予定していたキャッシュフローを得られなくなる恐れがあります。

　それでは、どのような要件を満たせばSPCがオリジネーターの経営悪化の防波堤となって投資家を保護することが出来るのでしょうか？

　それには、オリジネーターからSPCに対して対象不動産が確実に譲渡されていることが重要なポイントとなります。このようなオリジネーターからSPCに対する不動産譲渡の確実性を「真正売買」(true sale)と呼んでいます。すなわち、真正売買はSPCがオリジネーターの経営悪化の防波堤となって投資家を保護することとなる必須の要件となります。

（もう1つの倒産隔離－SPCの倒産からの隔離）

　倒産隔離というと、主として上述のようにオリジネーターの倒産からSPCを隔離することを指しますが、もう1つ別の意味の倒産隔離があります。それは、証券化スキームで中心的な位置を占めるSPC自体の倒産により不動産のキャッシュフローがインパクトを受けないように隔離されなければならないとする倒産隔離です。

　すなわち、証券化商品を購入する投資家は、証券化のスキーム自体のトラブルから来るリスクから遮断されていることが必要です。具体的には、証券化のスキームの中核となるSPC自体の倒産により、不動産からのキャッシュフローがインパクトを受けて、投資家が被害を受けることのないようにする必要があります。

　このように証券化スキームの構築にあたっては、オリジネーターの倒産からの隔離とは別に、不動産の譲渡先であるSPCの倒産からの隔離が重要となります。

　それには、まずもってSPCが倒産の事態に陥ることにないような措置を事前に講じておくことが必要です。そうした措置の代表例を挙げると次の通り

です。

①SPCはその名前が示すように証券化という特別の目的のための会社であることから、定款でSPCが証券化以外のビジネスに手を伸ばして、その結果、本来の目的以外のところで損失を被り倒産に追い込まれるといったことの無いように、SPCの兼業を禁止する方策があります。

②SPCはその活動のプロセスにおいて債務を負うことがありますが、そうした場合にあらかじめ決められた金額以上の債務を負わないように上限を設ける方策があります。

③たとえキャッシュフローに一時的に齟齬が生じても投資家への支払いに支障を生じないようにキャッシュリザーブ（予備の流動性資金）を確保しておきます。

④オリジネーターとSPCとの間の人的な交流に制限を課すといった措置も考えられます。

　次に、仮にSPCが破綻した場合の方策をみましょう。この場合には、実態は倒産状態であっても法的に倒産手続に入らないような手筈を取っておくことが考えられます。

　SPCが破綻して、いざ法的な倒産手続に入ってしまうと、裁判所や破産管財人がその手続に関与することとなります。そうなると、どうしても落着をみるまでかなりの手数がかかることになります。そして、その間、原資産からのキャッシュフローは滞って投資家の手に渡らなくなる恐れがあります。そうした事態を回避するためには、事前に「法的な」倒産手続に入らないような手立てをしておくことが考えられます。

　このために、SPC自身による倒産手続きの自己申立権の放棄、ないしSPCの株主が株主権を事実上行使しないこととするとか、取締役による倒産手続の申立を禁止する、さらにはあらかじめ債権者との間で倒産不申立特約の締結を行っておくといった方法が考えられます。ここでSPCに対する債権者とは、SPCに信用補完や流動性補完を行っている銀行や保険会社、SPCの債務を保証している保証会社をいいます。

❸ AM、PM

　SPCは、証券化の対象不動産の受け皿（ビークル）であり、常駐のスタッフを持たないペーパーカンパニー的なものですから、AM、PMといった実働部隊に業務を委託することが必要となります。

　このうち、AM（アセットマネジャー）は、不動産売買やファイナンス、賃貸借等の運用業務を行うプロで、証券化スキームから生まれる収益を最大化するという重要なミッションを持っています。

　一方、PM（プロパティマネジャー）は、AMから委託を受けて対象不動産を現場で管理、統括する役割で、テナント募集やテナントとの賃貸に関する業務も行います。

　このように、AMはSPCの運営に関わる重要事項の意思決定と指示を出し、PMは対象不動産の管理等の日常的な実務を行う、といった形で、各々のエキスパータイズを発揮して不動産から生まれる収益を最大化する役割を担います。

　また、SPC自体は不動産の所有主体であり、それを実際に運用、管理する主体はAMとPMという形で機能分化が明確にされていることから、たとえSPCに対する出資者が変更になる等の場合でも、事業を安定的に継続することが可能となります。

（5）証券化の基本パターンと各種スキーム
❶ 不動産証券化の基本パターン

　不動産の証券化の基本パターンは、次の通りです[32]。

ⅰ　SPCが組成されて、AM、PMに業務委託をします。

ⅱ　SPCの資金調達

　SPCは、オリジネーターから不動産を譲受するために資金調達をする必要があります。このファイナンスは、投資家からの出資と金融機関からの借入を組み合わせて行うことが一般的です。

ⅲ　オリジネーターから不動産をSPCへ譲渡

　SPCは、調達した資金を使ってオリジネーターから不動産を譲り受けます。

ⅳ　SPCは取得不動産を賃借人に賃貸

　SPCはオリジネーターから譲り受けた不動産を賃借人に賃貸します。

ⅴ　SPCに対する資金提供者のリターン受け取り

　SPCは、賃借人から受け取ったレントを原資として、SPCに対して出資した投資家に配当を、またSPCに対して融資した金融機関に元利金を支払います。

❷ 不動産証券化の各種スキーム

　不動産証券化の手法にはいくつかのスキームが活用されています[33]。

　以下では、その主要なスキームを概観することにします。

ⅰ　TMKスキーム

　TMKとは、資産流動化法に基づいて設立された特別目的会社です。

　1998年に、不動産等の流動化を対象とする特定目的会社法（SPC法）が制定されました。この法律によって、証券化対象商品は、不動産、指名金銭債権、これらの信託受益権に拡大されて、幅広い資産の証券化が可能となりました。

　また、特定資産を裏付けにして証券等を発行する導管（コンデュイット）としてのSPCを商法上の会社とは別に設立できることが規定されました。

　2000年に、このSPC法を改正する資産流動化法（新SPC法）が制定されました。この改正法では、証券化の対象が著作権とか特許権等に拡大されたほか、SPCの設立について、旧SPC法では登録制がとられていましたが、新SPC法では届出制へと簡素化されたほか、最低資本金が3百万円から10万円へと減額される等、より使い勝手のよい枠組みに整備されています。

　そして、この資産流動化法に基づいて設立されたSPCは、Tokubetu Mokuteki Kaisyaの日本語の頭文字をとってTMKと表しています。これは、特別目的会社のなかには資産流動化法によらない特別目的会社もあることから、それと区別するために付けられたものです。

　TMKをSPCとして活用するメリットは、社債の発行が出来ること、会社更生法の適用がないこと等があります。

　なお、TMKが発行する社債は「特定社債」、TMKに対する出資を「特定出

資」、特定出資に優先する出資を「優先出資」、TMKが資産取得のために行う金融機関借入を「特定目的借入」と呼んでいます。

　TMKスキームは、主として、大型案件や長期に亘る案件等に用いられています。

　TMKスキームには、オリジネーターがTMKに対して不動産の現物を売却するケースと、不動産信託受益権を売却するケースがあります。

　資産流動化法では、投資家保護の観点から、TMKに資産流動化計画の作成義務や詳細に亘る情報開示の義務が課されており、また、不動産等の運用管理業務は外部委託しなければならないとか、資産流動化計画記載の事業以外の事業を行うことができない等が規定されています。

　なお、SPCは法人税の課税対象となりますが、TMKスキームでは、二重課税回避のための法人税の特例措置が認められていることから、対象事業年度に配当額が配当可能利益の90%超等の導管性要件を満たせば利益の配当の損金算入が認められることとなり、投資家に対する配当分について法人税課税が控除されます。

ⅱ　GK-TKスキーム

　不動産の証券化ビークルとなるSPCに合同会社があります。

　合同会社は、新会社法において、証券化のSPCとして利用されたことを念頭において導入されたものです。

　合同会社の社員は有限責任であり、また、会社更生法の適用がないとか、計算書類の公告義務も監査役の設置義務もない等、新会社法制定により廃止となった有限会社と同様の内容となっています。また、社員数も1名でよいとされ、コストの節減を図ることができます。

　合同会社をSPCとして用いる場合には、投資家からの出資は匿名組合形式で行うことが一般的です。

　匿名組合契約に基づく出資は、匿名組合員である出資者から事業を行う営業者へ出資する行為であり、匿名組合員が営業者の事業運営に直接関与することはなく、出資財産以上の責任を負わない有限責任となります。

　また、匿名組合による出資の形態をとった場合には、合同会社の所得の計

算にあたって、匿名組合員への分配利益を損金算入することが認められており、SPC段階での課税を実質的に回避することができます。

このように、合同会社と匿名組合形式を組み合わせて形成される証券化スキームは、GK-TKスキーム（Godo Kaisya – Tokumei Kumiai）スキームと呼ばれています。

GK-TKスキームの大きな特徴は、オリジネーターから取得する資産は、現物不動産ではなく不動産信託受益権となる点にあります。したがって、オリジネーターは不動産の所有権を信託銀行や信託会社に移転してその見返りとして信託受益権を受け取り、それを合同会社に譲渡するというステップを踏むことになります。

GK-TKスキームでは、合同会社が現物不動産ではなく不動産信託受益権を取得する形をとるために、不動産取得税の課税を回避できる等のメリットがあります。

ⅲ　FTKスキーム

FTKスキームは、不動産特定共同事業法に基づく特例事業（Fudousan-Tokutei-Kyoudoujigyou）スキームです。

不動産特定共同事業法は、1994年、出資を募り不動産を売買、賃貸等して、その収益を分配する事業を行う事業者について許可制度を実施し、業務の適正な運営の確保と投資家の利益の保護を図ることを目的として制定されました。

そして、2013年の法改正により、倒産隔離型スキームが導入され、また、2017年の法改正により、小規模不動産特定共同事業を創設するとともに、それまで投資家はプロの特例投資家に限定されていましたが一般投資家が参加することも認められ、クラウドファンディングに対応した環境が整備されました。

特例事業スキームでSPCの機能を担う主体は、特例事業者といいます。

この特例事業者は、実際には合同会社が使用されることが多く、また、一般的に特例事業者と投資家との間で匿名組合契約が締結されることから、特例事業スキームは、上述ⅱのGK-TKスキームに似ています。しかし、GK-TK

スキームでは対象資産が信託受益権であるのに対して、不動産特例事業スキームでは、現物不動産が対象となる点が大きな違いとなります。

　なお、不動産特定共同事業法に基づくスキームには、SPCを設定することなく、不動産会社等が自ら事業主体となるスキームも存在しますが、この場合にはSPCの倒産隔離機能を具備しないスキームとなります。

iv　REITスキーム

　2000年に投資信託法が改正されました。この改正の最大のポイントは、運用対象資産の拡大にあります。すなわち、従来の投資信託制度は、主として有価証券への運用を目的にしてきましたが、新投信法では、主として有価証券、不動産、その他の資産で政令により定めるものに運用する制度となりました。

　そして、これにより不動産投資信託が登場しました。REIT（Real Estate Investment Trust、リート）スキームは、投信法に基づく不動産証券化スキームです。REITスキームにより、不動産に対する投資の流れが実物不動産に対して直接投資するというスキームから、投資信託の形で不動産に投資するというスキームへと大きく変化しています。

　REITには、証券取引所に上場されているJ-REITと私募REITがあります。

a.　J-REIT

　J-REITは、投資対象が不動産の投資信託証券で、かつ、この投資信託証券が取引所に上場されている商品です。

　REITは、もともと米国において開発された商品ですが、日本では2000年の投資信託法改正により投資信託の投資対象が不動産等にも拡大されたことから登場したものです。こうした経緯から、日本版REITという意味を込めてJ-REITと呼んでいます。

　J-REITの基本的なスキームは、多くの投資家から投資資金を集めてそれを不動産に投資します。そして、投資対象となった建物等の不動産よりあがる賃料（レント）や不動産の売却益を投資家に分配します。

　J-REITは、一般的に会社型投信のスキームによって組成されています。会

社型投信では、基本的にSPCが中心となるスキームで不動産の証券化が行われます。すなわち、SPCが不動産への投資、運用を行うビークルとなります。このSPCは「投資法人」と呼ばれます。そして、投資法人が投資家からの出資金や金融機関からの融資を原資として不動産に投資します。なお、J-REITによっては、既存物件の取得だけではなく開発型案件の取得を行うケースもあります。

　投資家には投資法人から「投資証券」が発行、交付されます。この投資証券は株券と同様に取引所で売買することができます。

　なお、投資法人はあくまでも器ですから、実際の不動産への運用は投資信託委託業者に、また資産（権利証）の保管業務は信託銀行等に、建物の管理・賃借の管理は不動産運営管理会社に、各々業務委託をすることになります。

（J-REITの特徴）

　J-REITの最大の特徴は取引所に上場されて、それが株式と同様に取引されることです。この結果、J-REITによりオリジネーターと投資家の双方にとって次のような内容の市場機能を享受することができます。

ⓐ不動産の流動化効果

　不動産は、1件1件で金額、所在地、地形、築年、使途等の属性が異なります。また、概して1件当たりの投資ロットが大きいことから本質的に流動性に乏しい商品で、マーケットの取引参加者も限られた層となっていました。しかし、J-REITにより流動化が容易となり、この結果、不動産の所有者にとっては資産効率の向上を図ることができます。

ⓑ分散投資効果とポートフォリオの構築

　機関投資家にとっては、J-REITに投資することによって実質的に不動産に投資したと同様の効果があり、ポートフォリオの分散投資効果を得ることができます。また、J-REITの流動性を活用して自由に売買が可能なことから、弾力的にポートフォリオの調整を図ることによって、投資家のリスク・リターンプロファイルに適したポートフォリオを構築、維持することが出来ます。

ⓒ個人投資家の不動産投資

　不動産は一般的に1件あたりの投資金額が大きく、これまで個人投資家にはなかなか手が出しにくい投資対象でした。しかし、J-REITの登場によって個人投資家も手軽に不動産に投資できることになりました。また、J-REITが上場商品であることから、いざ換金の必要が生じたときには、即座に売却することが可能です。

ⓓ不動産の価格発見機能

　J-REITの大きなメリットは、市場が持つ価格発見機能が発揮されることです。すなわち、不動産はその特性から妥当な価格がどの辺か、特に一般投資家には把握し難いものでした。しかし、J-REITは日々取引所で取引されることから、個別銘柄の株価とまったく同様に、リアルタイムで価格が把握できることができます。

b.　私募REIT

　私募REITは、証券取引所に上場されていない不動産投信です。

　上場されているJ-REITは、個人投資家も投資対象としていますが、私募REITの主要な投資家は、年金や金融機関等の機関投資家です。

　私募REITは取引所に上場されていないことから、資金回収は、投資家同士で相対売買する方法か、投資法人に対して払戻請求を行うことになります。

　また、J-REITは取引所で相場が形成されるのに対して、非上場である私募リートの投資口価格は、決算期に不動産鑑定評価額に基づいて算出された値段をもとに決められます。

（6）CASE：不動産証券化による公的不動産の活用
①TMKスキーム[34]
i　CASE：宮崎県及び宮崎市所有地の証券化

　宮崎県及び宮崎市が、所有するJR宮崎駅西口に隣接する低・未利用地を公募により選定した民間事業者に賃貸して、民間事業者が交通センター、ホテル、オフィス等の複合施設を整備しました。

　この結果、宮崎県及び宮崎市は、民間事業者から地代を得ることができ、歳入が増加しました。

　また、地元商工会議所や観光協会等の公共性の高い団体が、民間事業者所有の複合施設のテナントとして入居、住民サービスも提供しています。

　この宮崎駅西口拠点施設整備事業で使われたTMKスキームは、図表14のとおりです。

【図表14】宮崎駅西口拠点施設整備事業で使われたTMKスキーム

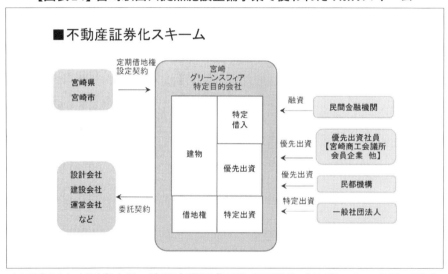

(出所)国土交通省土地・建設産業局「不動産証券化手法等による公的不動産(PRE)の活用と官民連携」2016.4.26

ⅱ　CASE：那覇市所有地の証券化

　那覇市は、市街地再開発事業を管理し、民間事業者が中心市街地の牧志・安里地区で官民複合施設を整備しました。

　すなわち、牧志・安里地区は中心市街地でありながら低未利用地のため、土地の高度利用化のために地区内河川の転流工事を行うとともに、宿泊施設、商業施設、公共公益施設、住宅施設から構成される官民複合施設を整備しました。

この結果、モノレール駅前という利便性・拠点性に着眼して整備された公共公益施設による公共サービスの提供が実現しました。

この牧志・安里地区第一種市街地再開発事業で使われたTMKスキームは、図表15のとおりです。

【図表15】牧志・安里地区第一種市街地再開発事業で使われたTMKスキーム

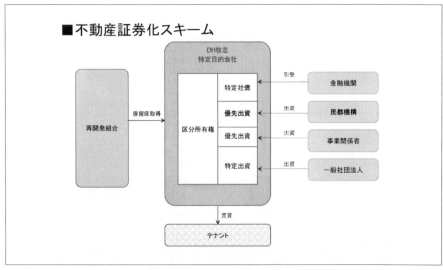

(出所)国土交通省土地・建設産業局「不動産証券化手法等による公的不動産(PRE)の活用と官民連携」2016.4.26

❷ GK-TKスキーム[35]
CASE：東京都大田区大森北一丁目開発事業

東京都大田区は、区の中心地域と位置付けている大森駅東地域の区有地に期間50年間の定期借地権を設定して、その区有地に複合施設を建設する民間事業者を公募しました。

そして、それに選定された民間事業者は、図書館や集会施設等の公共施設も入居する複合施設を整備しました。

この結果、当該複合施設の建設により大田区大森駅前の賑わい効果を創出することができました。

この大森北一丁目開発事業で使われたGK-TKスキームは、図表16のとおりです。

【図表16】大森北一丁目開発事業で使われたGK-TKスキーム

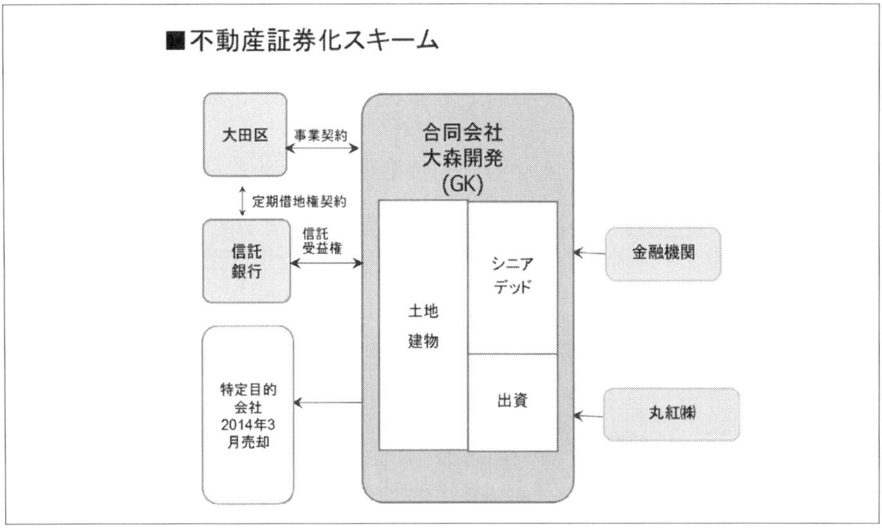

（出所）国土交通省土地・建設産業局「不動産証券化手法等による公的不動産（PRE）の活用と官民連携」2016.4.26

❸ FTKスキーム[36]

i　CASE：FTKによる公的不動産を活用したホテル・大学施設整備

石川県小松市は、市が所有する小松駅前の遊休土地を不動産証券化の活用によって、ホテルや大学（公立小松大学中央キャンパス）、子育て支援施設、英会話教室等の官民複合施設の整備を実施し、2017年12月に稼働を開始しています。

このプロジェクトには、不動産特定共同事業（FTK：SPC型特例事業スキーム）が活用されています。

資金調達面では、国、市からの補助金に加えて地方創生に資する事業への貢献のための全国の投資家からの出資や、地域金融機関による融資等を活用したファイナンスが行われました。

　そして、市有地を建物譲渡特約付定期借地（50年間）により民間事業者に賃貸して、民間事業者が建設、所有する施設について、テナント賃貸借に市が積極的に関与する等、官民連携手法により、事業の安定性、信用力向上を図っています。

　この小松駅南ブロック複合施設事業で使われたFTKスキームは、図表17のとおりです。

【図表17】小松駅南ブロック複合施設事業で使われたFTKスキーム

小松駅南ブロック事業スキーム

| 資産保有SPC |
| （不動産特定共同事業特例事業者） |
| （賃貸人／営業者／賃料債権譲渡人） |

- こまつ賑わいセンター（三セク）（貸借人）
- 小松市（承継貸借人）
- 定期建物賃貸借契約（1〜3階部分）
- Hifリゾート（貸借人）
- 定期建物賃貸借契約（4〜8階部分）
- 小松市（底地権者）
- 借地契約
- 建設会社
- 建物請負契約
- 青山財産ネットワークス（三号事業者）
- AM契約

- 対象不動産（借地権付建物）
- 賃料債権流動化による調達
- 融資
- 補助金
- 匿名組合出資
- 社員持分

- 賃料債権譲渡
- 流動化SPV
- みずほ銀行
- 北國銀行
- ABL
- ノンリコースローン
- 補助金
- 国・小松市
- 青山財産ネットワークス（四号事業者）
- まち再生出資
- 出資SPC
- 投資家
- 青山財産ネットワークス
- 一般社団法人

（出所）国土交通省土地・建設産業局「不動産特定共同事業（FTK）の概要について」

ⅱ　CASE：FTKクラウドファンディングによる小規模不動産再生

　神奈川県鎌倉市では、市所有の明治末期に建てられた古民家（鎌倉市景観重要建築物等に指定）を地元設計・不動産事業者（国土交通省PPP/PFI協定パートナー）が事業者となってリノベートして企業向け研修施設や地域コ

ミュニティ施設として貸し出しています。

　このリノベーションに要した資金は不動産特定共同事業法の小規模不動産特定共同事業（小規模1号事業）に基づいたクラウドファンディングで調達しています。

❹ REITスキーム[37]
CASE：南青山一丁目団地建替プロジェクト

　南青山一丁目に東京都が所有する都営住宅が建設から50年以上経過して老朽化したことから、その敷地に定期借地権（70年間）を設定して、民間事業者がその敷地に複合施設を建設しました。

　これにより、都営住宅は東京都が取得、保育園及び図書館は港区が取得、賃貸集合住宅は民間事業者が所有・運営することとなりました。

　そして、賃貸住宅は2014年に三井不動産プライベートリート投資法人に譲渡されました。

【図表18】南青山一丁目団地建替プロジェクトで使われたREITスキーム

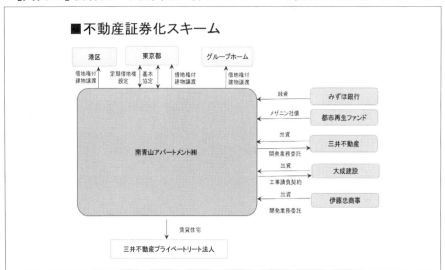

（出所）国土交通省土地・建設産業局「不動産証券化手法等による公的不動産（PRE）の活用と官民連携」2016.4.26

　この結果、東京都は地代収入を得ることにより財政負担を軽減できるとともに、民間施設との一体開発により効率的な公共施設の調達を実現しました。
　この南青山一丁目団地建替プロジェクトで使われたREITスキームは、図表18のとおりです。

⑩ インフラファンド

（1）インフラファンドの役割

　インフラファンドは、投資家の資金や金融機関からの借入を原資としてインフラの建設、運営に関わる投資を行い、インフラ事業から得られるリターンを投資家に分配するファンドです。

　2015年に閣議決定された日本再興戦略改訂版等では、財政投融資に制約がある状況下、インフラ整備に民間資金を活用することを促進するといった政策ニーズの強まりから、金融資本市場の利便性向上と活性化の戦略の1つにインフラファンドの組成が掲げられています。

　このように、インフラファンドは、インフラ投資、維持に必要となる資金を民間調達する有力な手段です。

　一方、年金基金等の機関投資家は、長期的に安定したキャッシュフローを生むインフラをオルタナティブ投資の対象として選好しています。

　また、証券取引所にインフラファンドが上場されることにより、個人投資家でも、株式と同様、インフラファンドを投資の対象にすることが出来ます。

　インフラの更新、維持には多額の投資が必要であり、インフラ投資に対する民間資金の導入、活用ニーズが強まる一方で、投資家サイドからはインフラ投資がオルタナティブ投資の魅力ある対象となる、というようにインフラに関わる資金の需要と供給がマッチする形で、インフラファンドマーケットが順調に成長することが期待されます。

　インフラファンドの投資対象となるインフラには、図表19のような種類が考えられます。

【図表19】インフラファンドの投資対象となるインフラの種類

インフラの種類	具体例
再生可能エネルギーインフラ	メガソーラー、風力発電等
電力インフラ	発電所、送電網等
運輸インフラ	空港・鉄道・港湾・道路・船舶等
生活インフラ	水道等

(出所)筆者作成

(2)インフラファンドのフレームワーク

　インフラファンドは、私募ファンドと取引所上場のファンドに大別されます。

　このうち、私募インフラファンドは、私募不動産ファンドと同様、流動性に制約がある一方、取引所上場ファンドは、市場流動性が付与され、投資家は取引所市場で資金の回収を行うことが可能です。

　インフラファンドのフレームワークは、基本的にREITと同様で、多くの投資者から資金を集めて、それをインフラに投資してそれから生まれるリターンを投資家に分配することになります。

【図表20】上場インフラファンドスキームの例（投資法人の場合）

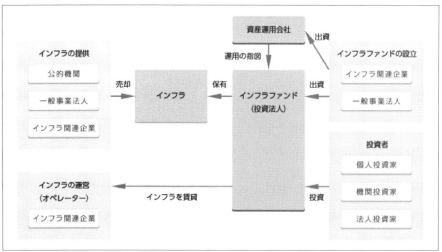

(出所)東京証券取引所

（3）民間都市開発推進機構

❶ 民間都市開発推進機構とは？

　民間都市開発推進機構（MINTO機構）は、「民間都市開発の推進に関する特別措置法」に基づく民間の都市開発を推進するための主体として、国土交通大臣の指定を受けた一般財団法人です。

　MINTO機構では、融資、出資、助成のパターンにより民間都市開発事業に対して金融支援を実施しています。

【図表21】MINTO機構の支援メニュー

支援項目	支援内容
共同型都市再構築業務	共同事業者として長期固定金利による資金を供給
メザニン支援業務	主に大都市圏の大型プロジェクトにミドルリスク資金を供給
まち再生出資業務	主に地方都市のプロジェクトに出資
マネジメント型まちづくりファンド支援業務	地域金融機関とともにファンドを組成し、そのファンドから民間のまちづくり事業に出資等を実施
クラウドファンディング活用型まちづくりファンド支援業務	地方公共団体とともに資金拠出したファンドから、クラウドファンディングを活用したまちづくり活動に助成

（出所）MINTO機構の資料を基に筆者作成

❷ マネジメント型まちづくりファンド支援業務

　MINTO機構の支援メニューのなかのマネジメント型まちづくりファンド支援業務は、地域金融機関とMINTO機構が連携して「まちづくりファンド」を組成して、当該ファンドから出資や社債の取得といった形の投資を通じて、リノベーション等による民間まちづくり事業を一定のエリアにおいて連鎖的に進めることで、当該エリアの価値向上を図ることを目的としています。

　ファンドは、LLP（有限責任事業組合）か、LPS（投資事業有限責任組合）の形態をとります。

　また、ファンドの存続期間は最長20年となっています。

【図表22】マネジメント型まちづくりファンド支援のスキーム

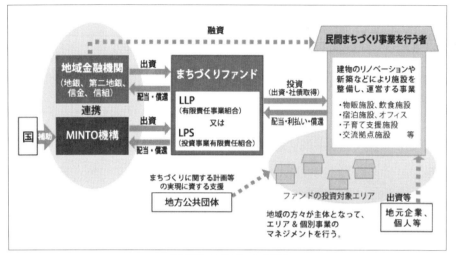

（出所）MINTO機構

　事業の採算性については、ファンドが出資を行う場合は、出資を受けた後、おおむね5年以内に対象事業からの配当が見込まれること、およびファンドによる投資の回収期間は最長10年を目途とすること等とされています。

　このマネジメント型まちづくりファンド支援業務は、2017年9月から開始して、2021年1月まで19件の実績を上げています。

❸ クラウドファンディング活用型まちづくりファンド支援業務

　クラウドファンディング活用型まちづくりファンド支援業務は、クラウドファンディング等を通じて広く個人等の賛同を頂ける魅力的な「住民等によるまちづくり事業」を支援するものです。

i　クラウドファンディングとは？

　クラウドファンディングは、インターネット上で自分の活動を発信して、それに共感し、応援してくれる支援者を募って、資金を調達する仕組みです。

　日本におけるクラウドファンディングは、東日本大震災後の募金運動に活用されたことから多くの人々の知るところとなり、その後、社会貢献や数々

のプロジェクトの資金調達に活用されています。

　クラウドファンディングは、支援者に対するリターンの有無やリターンの種類によって金融型、購入型、寄付型、選択型の4つに大別することができます。このうち、クラウドファンディング活用型まちづくりファンドが対象にするタイプは、寄付型と購入型、それに金融型の中のファンド型と融資型に限定されています。

【図表23】クラウドファンディングの種類

金融型			金銭的なリターンを得るタイプ
	投資型		利益が出た場合に配当を支払うタイプ
		ファンド型	資金提供者が資金調達者と匿名組合出資契約等を締結して資金を提供、分配を受けるパターン。まちづくりファンドではこのタイプを2020年度から対象に追加。
		株式型	資金提供者が資金調達者に資金拠出するのと交換に株式を受取る形で資金を提供し、配当を受けるパターン。まちづくりファンドではこのタイプは認められない。
	融資型		貸金業法上の契約に基づき、資金提供者が融資し、元利金を受け取るタイプ。まちづくりファンドではこのタイプを2020年度から対象に追加。
購入型			民法上の売買契約に基づき、資金提供者が資金拠出の対価として商品やサービス（チケット等）、制作に参加する権利等を取得するパターン
寄付型			リターンがない寄付行為のパターン
選択型			投資家に対して、株式投資をするか融資をするかの選択肢を提供するタイプ。まちづくりファンドではこのタイプは認められない。

（出所）筆者作成

ii　クラウドファンディングのメリット

　クラウドファンディングは、インターネットの発達、普及といったデジタル環境の変化を最大限活用することにより、極めて効率的に資金の調達、運用を可能にする途を切り拓いたということができます。

　すなわち、資金調達者はインターネットを活用することで資金調達に要するコストを低減させて効率的な募集活動を行うことにより、多くの資金提供者から資金を集めることが期待できます。また、資金調達だけでなく、プロジェクト自体を広く社会に対してアピールすることができ、地域の人々をプロジェクトに誘引するといったメリットがあります。

　一方、資金提供者は、地理的に離れていても、ウエブサイトを通じて資金需要があるプロジェクトの内容を把握したうえで、少額の資金で融資や出資をすることが可能です。また、資金提供をすることにより、まちづくり事業に参画、貢献したという満足感を得ることができます。

iii　クラウドファンディング活用型まちづくりファンドの組成

　クラウドファンディング活用型まちづくりファンドは、次の手順で組成されます。

a.　地方公共団体とMINTO機構の資金拠出により、まちづくりファンドを組成します。

　MINTO機構の拠出金額の限度は、まちづくりファンドの規模、助成の対象等を考慮し、最大1億円までか、まちづくりファンド総資産額（MINTO機構拠出分を含む）の2分の1のうち、少ない金額となります。

b.　まちづくり事業者（住民等）はクラウドファンディングにより個人等から資金提供を受けます。

c.　クラウドファンディングで、調達目標額の2分の1以上調達できた場合に、原則としてその残額をまちづくりファンドから助成します。融資型かファンド型のクラウドファンディングによる場合には、ファンドからは出資の形で支援されます。

【図表24】クラウドファンディング活用型まちづくりファンド支援の仕組み

①まちづくり事業者が一般的なクラウドファンディングを実施する場合

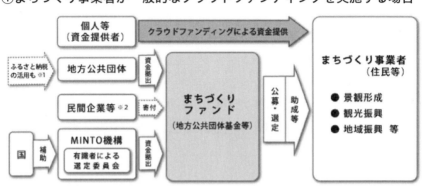

②まちづくり会社等がクラウドファンディングを実施する場合（まちづくり会社等（地方公共団体を除く）が、まちづくり事業者（住民等）に代わりクラウドファンディングを実施し資金を集めることを想定したケース）

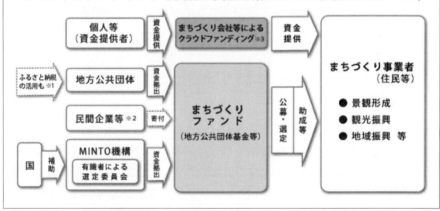

※１：地方公共団体の拠出金の財源として、ふるさと納税による寄付金を活用することも可能。

※２：民間企業等からの寄付を受けるか否かは任意（寄付がある場合、地方公共団体からの拠出額と民間企業等からの寄付額の合計が、MINTO機構の拠出額の限度となる）。

（出所）MINTO機構「クラウドファンディング活用型まちづくりファンド支援業務」

（4）東京都の官民連携インフラファンド等

東京都は、官民連携インフラファンド第1号としてのファンドを立ち上げ、これに加えて、官民連携再生可能エネルギーファンド、官民連携福祉貢献インフラファンドを設立しています。

こうした東京都のインフラファンドは、東京都という公的主体がリスクマネーを供給することにより、民間資本の誘引を図ることを目的としています[38]。

また、東京都は、持続可能な国際社会づくりに貢献するESG投資を普及、促進させるため、2019年度に東京版ESGファンドを創設しています。

❶ 官民連携インフラファンド

日本初の官民連携インフラファンドとして、都が30億円を出資して設立されました。なお、このうち、15億円出資分のスパークスインフラファンドは、2018年に存続期間満了を迎え、清算が結了しています。

このファンドは、電力の安定供給、再生可能エネルギー投資を目的に、首都圏を中心に10～30万kW級の発電事業に集中投資するほか、再生可能エネルギーや首都圏以外の事業も対象とします。

【図表25】官民連携インフラファンドのスキーム

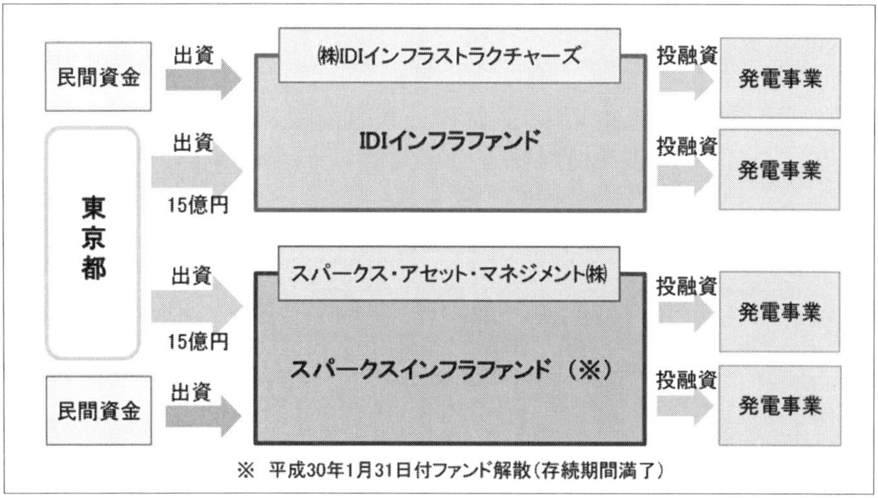

（出所）東京都戦略政策情報推進本部

221

❷ 官民連携再生可能エネルギーファンド

再生可能エネルギーの普及拡大、特に東北地方等の未利用地の有効活用や地域経済の活性化を目的に、都が、都内投資促進型ファンドに2億円、広域型ファンドに10億円出資して設立されました。このファンドは、都内の発電事業や、東京電力・東北電力管内地域の発電事業を投資対象とします。

【図表26】官民連携再生可能エネルギーファンドのスキーム

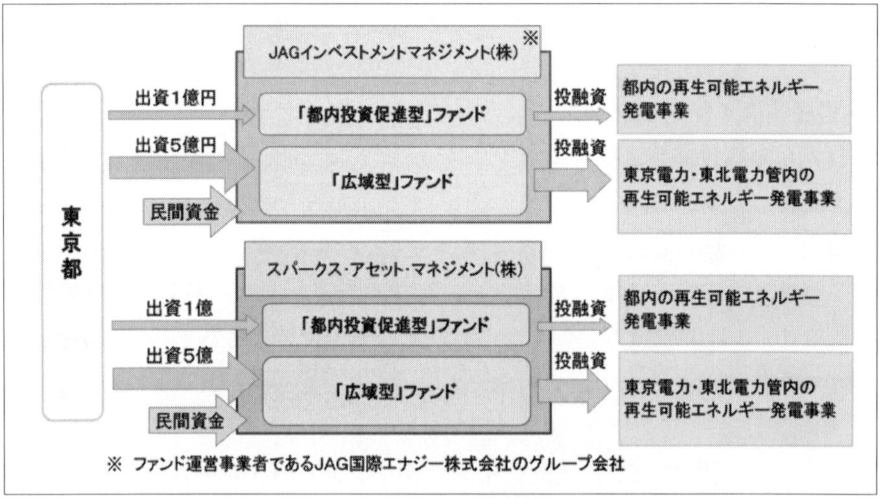

（出所）東京都戦略政策情報推進本部

❸ 官民連携福祉貢献インフラファンド

都内の子育て支援施設、高齢者向け施設等の福祉貢献型建物の整備促進、福祉関連分野の新たな資金循環システム構築、CSR等社会的責任投資に係る民間意識醸成を目的に、都が37.5億円を出資して設立されました。このファンドは、子育て支援施設を含む福祉貢献型建物を都内に整備する事業を投資対象とします。なお、このうち、25億円出資分のAIPファンドは、2019年に存続期間満了を迎え、清算が結了しています。

【図表27】官民連携福祉貢献インフラファンドのスキーム

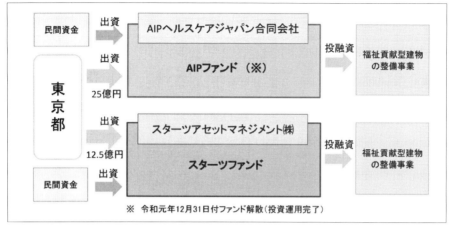

（出所）東京都戦略政策情報推進本部

❹ 東京版 ESG ファンド

　東京都は、持続可能な国際社会づくりに貢献する ESG 投資を普及、促進させるため、2019年度に東京版 ESG ファンドを創設しています。

　この東京版 ESG ファンドは、東京都がファンド運営事業者を選定して、5億円を出資します。そして、国内の再生可能エネルギー発電設備に分散投資を行うとともに、管理報酬の一部をソーシャルエンジェル・ファンドに寄附して、社会貢献性の高い事業等を支援していく、としています。

【図表28】東京版ESGファンドのスキーム

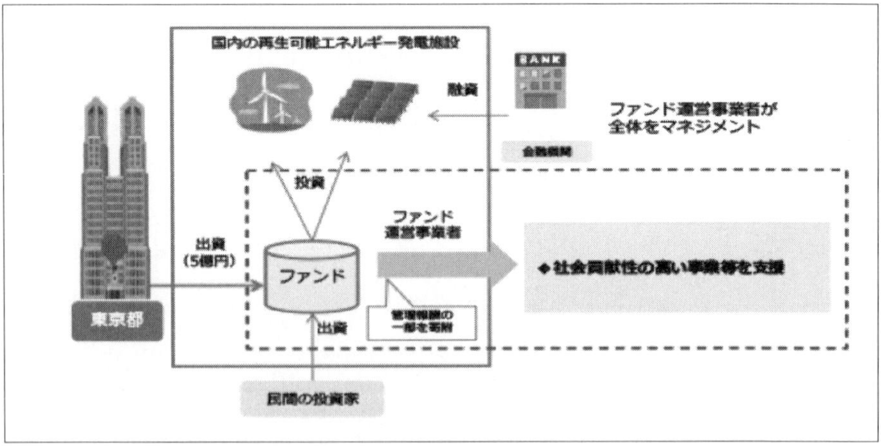

（出所）東京都戦略政策情報推進本部

（5）耐震・環境性能を有する良質な不動産の形成のための官民ファンド

　省エネやCO_2排出量の抑制への対応に加え、東日本大震災を契機として電力需給が逼迫したため、エネルギー効率の良い不動産への関心が高まっています。

　しかし、既存ビルは、改修等の資金調達が困難であり、環境性能関連の情報が少なく低炭素化に向けた省エネ改修等による価値の向上が評価されにくい状況にあり、この結果、既存ストックにおける老朽不動産の改修等が進まないとか、オフィスビル等のCO_2排出削減が進まないといった問題が存在しています。実際のところ、日本の全エネルギー使用量の19％はオフィス等の業務部門となっています。

　こうしたことから、2013年の日本経済再生に向けた緊急経済対策の具体的施策の1つに、耐震・環境性能を有する良質な不動産形成のための官民ファンドの創設等により、民間資金を活用したインフラ整備を推進することが謳われています。

　そして、国土交通省と環境省の共管事業として、資金調達等が課題となって再生、低炭素化が進まない老朽・低未利用不動産に対して、官民ファンドのスキームを活用するプロジェクトを推進しています。

　すなわち、このプロジェクトは、低炭素化が進まない老朽・低未利用不動産について、国が官民ファンドを通じて民間投資の呼び水となるリスクマネーを供給することにより、民間の資金やノウハウを活用して、耐震・環境性能を持つ良質な不動産の形成（改修・建替え・開発事業）を促進し、省エネ改修等不動産の低炭素化を進めることで、地域の再生・活性化に資するまちづくり及び地球温暖化対策を推進することを目的とします。

　耐震・環境不動産形成促進事業のプロジェクトの全体スキームは、国から補助金の交付を基金設置法人（一般社団法人環境不動産普及促進機構（Re-Seed機構））が耐震・環境不動産支援基金を構築して、この基金を活用して老朽・低未利用不動産の改修、建替え、開発を行う事業者に出資等を行う投資事業有限責任組合（LPS、Investment Limited Partnership）に出資を行うという組み立てとなっています。

　このプロジェクトの対象地域は、国勢調査の結果に基づくDID（Densely Inhabited District）と呼ばれる人口集中地区で、対象事業は次のいずれかの事業であり、また、これらに伴う不動産の取得を含むものとされています。

①耐震改修事業

②次のいずれかの環境性能を充たすことが見込まれる改修、建替え、または開発事業

　・建物全体におけるエネルギー消費量が、事業の前と比較して概ね15％以上削減。

　・建築環境総合性能評価システム（キャスビー、CASBEE、Comprehensive Assessment System for Built Environment Efficiency）による評価がAランク以上であること。

　・都市の低炭素化の促進に関する法律に規定する低炭素建築物であること等。

（6）取引所上場のインフラファンド
❶ 東証インフラファンド

　2015年、東京証券取引所（東証）は、太陽光発電施設等のインフラを投資対象とするインフラファンド市場を開設しました。この背景には、公的インフ

ラ施設の整備や運営面で民間の資金やノウハウを活用するニーズが高まっていること、経済動向の影響を受けにくい安定的資産であるインフラ資産に対する投資ニーズが高まっていること、また、諸外国では多様なインフラ資産を投資対象とする上場市場が整備されつつあること等があります[39]。

インフラファンドの上場によって、取引所市場を通して民間資金が公的分野に活用されることとなり、インフラを機関投資家のみではなく個人投資家を含む多くの投資家で支えるスキームが構築されたこととなり、震災復興への活用、再生エネルギーの普及、高度経済成長期に集中して建設されたインフラの維持・更新、さらには、アジア経済圏の成長基盤となるインフラ運営への活用等に資することが期待されます。

東証では、投資家にとってインフラという新たな資産クラスが投資対象となることから、制度整備にあたってはインフラが持つ特有のリスクに十分配慮して、公正性・透明性の確保等により、投資者保護を図ることを基本としたマーケットの形成を指向しています。

【図表29】投資対象インフラ資産の例

投資対象カテゴリー	具体例
再生可能エネルギー発電設備	太陽光、風力、地熱、バイオマス、中小水力など
公共施設等運営権	各種インフラ資産にかかる運営権
運輸関係	道路、空港、港湾施設、鉄道、エネルギー船
エネルギー関係	電気工作物（発電所）、石油ガスパイプライン
その他	上下水道、無線設備など

（出所）東京証券取引所「東証公式Jリートガイドブック」2020.8

❷ インフラファンドのフレームワーク

東証のインフラファンド市場の制度は、オフィスビルやマンションといった不動産を投資対象とする投資法人が上場するJリート市場と同様に、再生可能エネルギー発電設備や公共施設等運営権等のインフラ資産を投資対象とする投資法人が上場対象となります。

　また、インフラファンドの仕組みも基本的にはJリートと同様で、多くの投資者から資金を集め、インフラを保有し、そこから生じる収益等を投資者に分配します。

　しかし、インフラファンドの収益はインフラの運営に関わるオペレーションに依存する特性があるため、インフラの運営が適切かつ安定的に行われることを担保するための上場要件や、インフラの運営を担当するオペレーターに関する情報についての情報開示制度が追加的に整備されています。

　すなわち、インフラファンドからの安定した収益分配を実現するため、新規に建設するインフラではなく、原則、稼働後1年以上が経過し、安定的な収益が見込める施設に限定しています。

　また、上場するインフラファンドに、投資対象とするインフラを運営するオペレーターに係る情報の開示が求められるほか、オペレーターを選定する基準の策定、開示が求められます。

【図表30】インフラファンド市場とJリート市場との制度的な差異

	インフラファンド市場	Jリート市場
上場ファンドの概要（ファンドの資産構成）	・中核的資産（インフラ資産を保有するのと同等の資産）がファンド総資産の70%以上 ・中核的資産、周辺資産（インフラ資産のリターンを一定程度反映する資産）および現預金等をあわせて95%以上	・中核的資産（不動産を保有するのと同等の資産）がファンド総資産の70%以上 ・中核的資産、周辺資産（不動産のリターンを一定程度反映する資産）および現預金等をあわせて95%以上
上場基準の概要	・財務基準（総資産50億円、純資産10億円） ・分布・流通性にかかる基準（投資主数1,000人等） ・継続的な分配見込みがあること（分配が行えない状況となった場合には上場廃止）	
	オペレーターの選定方針の策定	
情報の開示（適時開示事項）	発行者、資産運用会社、運用資産にかかる情報の開示	
	オペレーターに関わる情報の開示	

（出所）東京証券取引所「東証公式Jリートガイドブック」2020.8

❸ インフラファンドの関係者

インフラファンドは、次の関係者で構成されます[40]。

i 管理会社

インフラファンドの発行者からその資産の運用に係る業務の委託を受けた資産運用会社。

ii オペレーター

インフラ投資資産の運営に関する事項を主導的に決定する者。東証では、インフラファンドの上場に当たり、オペレーターの選定基本方針や選定基準の策定、実際の選定状況について審査し、また、オペレーターに関する一定の事実を適時開示事由としています。

iii スポンサー

新規上場申請予定者の投資主、管理会社の株主その他の新規上場申請銘柄の関係者であって、運用資産の取得その他の新規上場申請銘柄に係る資産の運用等に主導的な立場で関与する者。

【図表31】インフラファンドのスキームと関係者

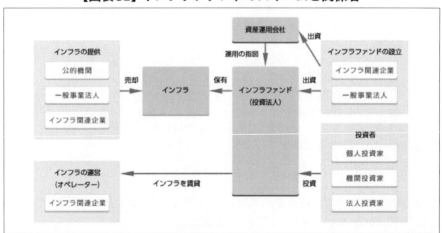

(注) 投資法人のケース
(出所) 東京証券取引所「インフラファンドスキームの例（投資法人の場合）」

❹ インフラファンドの投資メリット

i　ファンドを通じる投資

　投資家は、専門のファンドマネジャーにより管理・運用されるインフラファンドに投資することにより、小口でも、また、インフラビジネスについて十分の知識がない場合でも、投資する機会を得ることができます。

ii　ポートフォリオの分散化効果

　インフラファンドは、日常生活や経済活動に不可欠の施設、サービスを要素とするインフラ資産に対する直接、間接の投資であり、長期安定的なアセットクラスとされ、資産運用ポートフォリオの多様化・分散化効果を期待することができます。

iii　二重課税の回避

　インフラファンドは、Jリートと同様、税務上の導管性が認められていることから、二重課税を排除することができます。しかし、導管性の期間が最初の運用資産の賃貸開始時点から20年間に限定されている点に留意が必要です。

❺ インフラファンドの投資リスク

　現在、上場のインフラファンドは、いずれも太陽光発電設備を中心とする再生可能エネルギー発電設備に投資を行うファンドですが、このようなインフラファンドには、投資家が留意しなければならない特有の投資リスクがあります[41]。

i　固定価格買取制度に係るリスク

　現在、上場のインフラファンドは、固定価格買取制度という法律上の制度に支えられています。インフラファンドが保有する再生可能エネルギー発電設備は、固定価格買取制度に基づく認定を受けた設備であるため、インフラファンドから再生可能エネルギー発電設備を賃借して発電事業を行う賃借人は、電力会社から安定的かつ継続的に売電収入を得ることができます。

その結果、インフラファンドはかかる売電収入を背景として安定的かつ継続的な賃料収入を得ることができますが、次のようなリスクが存在することに留意が必要です。

a.　固定価格買取制度の変更・廃止に関するリスク

固定価格買取制度は法律により定められた制度ですが、再生可能エネルギー発電を取り巻く情勢は常に変化しており、今後、情勢変化を受けて固定価格買取制度が変更、または廃止される可能性があります。

その場合には、インフラファンドの収入が減少して投資家の利益に悪影響が生じるリスクがあります。

b.　固定の調達価格・調達期間

固定価格買取制度の認定を受けて運転を開始した再生可能エネルギー発電設備は、運転開始時に適用された調達価格及び調達期間が原則として事後的に変更されることはないため、インフラファンドは、同制度が適用される再生可能エネルギー発電設備に投資することで安定的、継続的な収益を見込むことができます。

しかし、物価その他の経済事情に著しい変動が発生、または発生する恐れがある場合には調達価格または調達期間を改定されることがあり、その場合には投資家の利益に悪影響が生じるリスクがあります。

c.　インフレに対する脆弱性

固定価格買取制度に基づく調達価格は固定されているため、インフレにより物価が上昇した場合でも、売電価格を増額することができず、発電事業者である賃借人の売電収入が実質的に目減りする可能性があり、その場合には、インフラファンドの収入が減少して投資家の利益に悪影響が生じるリスクがあります。

d.　出力制御

このところ、インフラファンドの投資する太陽光発電設備において、出力

制御が実施される事例がみられます。その場合には、発電事業者である賃借人の売電収入が減少する可能性があり、その結果、インフラファンドの賃料収入が減少して投資家の利益に悪影響が生じるリスクがあります。

e.　調達期間満了後の売電

　固定価格買取制度に基づく調達期間が満了すると、電力会社は、それ以降、電気を一定の価格で買い取る義務を負いません。その結果、発電事業者である賃借人は従前の買取価格に比して不利な買取価格で売電することを強いられ、売電収入が減少する可能性があり、その結果、インフラファンドの賃料収入が減少して投資家の利益に悪影響が生じるリスクがあります。

ii　資産特性に係るリスク
a.　償却資産としての特性

　太陽光発電設備を投資対象とするインフラファンドの資産は、土地よりも発電設備が占める割合が高く、また、発電設備の法定耐用年数が17年と鉄筋コンクリート造の建物の50年と比べて短い年数が設定されています。

　このため、インフラファンドでは、J-REITと比較して相対的に多額の減価償却費が計上される傾向にあり、この結果、上場廃止基準の資産組入比率に抵触する等の恐れがあります。

b.　オペレーショナル・アセット

　インフラファンドが取得する再生可能エネルギー発電設備は、オペレーターが当該設備を管理・運営することにより収益が生じるオペレーショナル・アセットの特性を持つことから、再生可能エネルギー発電設備の収益性は、オペレーターの管理・運営能力による影響を受けます。

　したがって、オペレーターが財務状況悪化や倒産となった場合には、発電設備の管理・運営に支障が生じる可能性があり、オペレーターの交代の必要性が生じますが、十分な知識・経験を有するオペレーターを適切なタイミングで選任することができない可能性があります。その結果、インフラファンドの売電収入や賃料収入が減少して、投資家の利益に悪影響が生じるリスク

があります。

iii　税務上の導管性に係るリスク
a.　期間限定のペイスルー課税

インフラファンドもJ-REITと同様、ペイスルー課税が認められています。このペイスルー課税は、配当等の額を損金算入して、投資法人の法人税を実質的に非課税とすることにより、投資法人に対する課税と投資家に対する課税が重複する二重課税の回避が可能となる制度です。しかし、インフラファンドの導管性は、J-REITと異なり、現在の制度上、再生可能エネルギー発電設備を賃貸した場合に限り、かつ上場後約20年に限り認めるという非恒久的なものです。

したがって、特例の適用期間経過後は、インフラファンドの税負担額が増大し、延いては投資家の利益に悪影響が生じるリスクがあります。

b.　賃貸スキームに係る規制

インフラファンドがペイスルー課税の特例を受けるためには、インフラファンドが直接、または匿名組合出資を通じて投資する再生可能エネルギー発電設備の運用方法を賃貸に限定する必要があるという規制があるため、インフラファンドの投資方法が一定程度、限定されることに留意することが必要です。

❻ インフラファンドの上場銘柄

東証インフラファンド市場には、現時点で7銘柄が上場されています。

この7銘柄のインフラファンドが保有する物件は、すべて太陽光発電設備ですが、将来、風力発電や水力発電等、他の再生可能エネルギー設備を取り入れる方針を持つインフラファンドも上場されており、今後は保有資産の広がりが期待されています。

【図表32】東証インフラファンドの上場銘柄

上場日	銘 柄 名	概　要		
		太陽光発電所数（件）	取得価額（億円）	合計パネル出力（MW）
2020.2.20	ジャパン・インフラファンド投資法人	15	100.9	30.4
		（2020.2.21現在）		
2019.213	エネクス・インフラ投資法人	6	185.1	40.3
		（2020.1.17現在）		
2018.9.27	東京インフラ・エネルギー投資法人	11	197.9	45.9
		（2020.9.2現在）		
2017.10.30	カナディアン・ソーラー・インフラ投資法人	21	488.5	119.7
		（2020.8.14現在）		
2017.3.29	日本再生可能エネルギーインフラ投資法人	46	348.0	88.6
		（2020.8.1現在）		
2016.12.1	いちごグリーンインフラ投資法人	15	114	29.4
		（2020.6.30現在）		
2016.6.2	タカラレーベン・インフラ投資法人	32	425.7	106.6
		（2020.5.31現在）		

(出所)各インフラファンド資料から筆者作成

❼ 東証インフラファンド指数[42]。

　東証では、東証上場のインフラファンド全銘柄で構成される株価指数を「東証インフラファンド指数」として公表しています。

　指数の基準日は2020年3月27日、基準値は1,000で、配当なし指数の指数値は、東証相場報道システムを通じてリアルタイム（15秒間隔）で全国の証券会社、報道機関等へ配信されています。また、配当込み指数については終値のみを算出しています。

【図表33】東証インフラファンド指数の推移（ポイント）

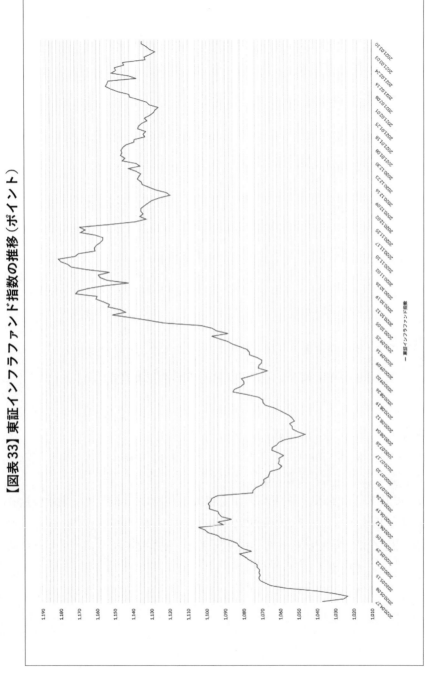

（出所）東証

脚注

序章

1　外務省 "Sendai Framework for Disaster Risk Reduction 2015-2030" 2015.3.18、We mean business coalition "Building Back Better" 2020

2　Bertrand Badré "Why infrastructure investment is key to ending poverty" The World Economic Forum 2015.10.7

3　Prime Minister's Office "Build build build': Prime Minister announces New Deal for Britain." 2020.6.30

4　idem "Prime Minister Boris Johnson launches the Build Back Better Council" Published 18 January 2021.1.18

5　Ceres "LEAD on Climate 2020" 2020.5.13

6　Barbara Sprunt Asma Khalid "Biden Counters Trump's 'America First' With 'Build Back Better' Economic Plan" npr2020.7.9

7　International Monetary Fund "2020 Fiscal Monitor: Policies to Support People During the COVID-19 Pandemic." 2020.4

8　OECD "Building back better: A sustainable, resilient recovery after COVID-19" OECD Policy Responses to Coronavirus(COVID-19)2020.6.5

第1章

1　World Economic Forum "The Global Risks Report2020" 2020.1

2　住明正「異常気象と地球温暖化」国土技術研究センター第19回技術研究発表会JICE REPORT vol.8 p1 2005.11

3　気象庁「異常気象リスクマップ」

4　同上「日本の気候変動2020」2020.12

5　同上「気候変動監視レポート2019」2020.7

6　前出4

7　前出4

8　気象庁「令和2年12月中旬以降の大雪と低温の要因と今後の見通し」2021.1.15

9　前出4

10 小池司朗「2040年頃までの全国人口見通しと近年の地域間人口移動傾向」国立社会保障・人口問題研究所、総務省自治行政局・地方制度調査会ヒアリング2018.9.12

11 内閣府「少子化の状況及び少子化への対処施策の概況」2019

12 国立社会保障・人口問題研究所「日本の将来推計人口（平成29年推計）

13 国土交通省「インフラ長寿命化基本計画」インフラ老朽化対策の推進に関する関係省庁連絡会議2013.11

14 同上「老朽化対策の取組み」道路局調べ2019.3

15 同上「国土交通白書2020」

16 首相官邸「社会資本整備重点計画について」閣議決定2015.9.18

17 国土交通省「国土交通白書2016」

第2章

1 国土交通省「社会資本整備重点計画」閣議決定2015.9.18p11

2 首相官邸「社会資本整備重点計画について」閣議決定2015.9.18

3 内閣府「インフラ長寿命化基本計画」インフラ老朽化対策の推進に関する関係省庁連絡会議2013.11

4 国土交通省「国土交通白書2016」p38

5 前出3

6 国土交通省「国土交通省所管分野における社会資本の将来の維持管理・更新費の推計」2018.11.30

7 OECD"Compact City Policies: A Comparative Assessment"2012.5.1

8 国土交通省「国土のグランドデザイン2050」2014.7

9 同上「グリーンインフラストラクチャー」2017.3、「グリーンインフラ推進戦略」2019.7、European Commission"The EU Strategy on Green Infrastructure"2020.9.14

10 国土交通省総合政策局環境政策課「グリーンインフラストラクチャー～人と自然環境のより良い関係を目指して～」2017.3

11 日本政策投資銀行地域企画部「都市の骨格を創りかえるグリーンインフラ」2017.4

12 国土交通省関東地方整備局甲府河川国道事務所「伝統的治水施設の保全と整備」

13 国土交通省「流域治水プロジェクト」2020.7

14 千木良泰彦「事例紹介：横浜市グランモール公園のみず循環回廊」横浜市環境創造局、日緑工誌2017

15 札幌市「雨水浸透型花壇」2016.12.9

16 多自然川づくり推進委員会「持続性ある実践的多自然川づくりに向けて」国土交通省2017.6.16、国土交通省総合政策局環境政策課「グリーンインフラストラクチャー～人と自然環境のより良い関係を目指して～」2017.3

17 同上

18 首相官邸「SDGsアクションプラン2020」SDGs推進本部2019.12

19 PEDRR"Input Into Post-2015 Global Framework on Disaster Risk Reduction"2014、環境省自然環境局「生態系を活用した防災・減災に関する考え方」2016.2

20 東日本大震災に係る海岸防災林の再生に関する検討会「今後における海岸防災林の再生について」2012.2

21 環境省自然環境局「生態系を活用した防災・減災に関する考え方」2016.2

22 日本学術会議「いのちを育む安全な沿岸域の形成に向けた海岸林の再生に関する提言」2014

23 国土交通省「災害に対して非常に脆弱な国土構造」

24 前出21

25 内閣府「気候変動踏まえ防災インフラ整備を、環境相と防災相が声明」2020.7.2

26 内閣府防災担当、環境省「気候危機時代の「気候変動×防災」戦略」2020.6.30

27 前出21

28 国土交通省「都市の低炭素化の促進に関する法律」

29 社会資本整備審議会「大規模広域豪雨を踏まえた水災害対策のあり方について」2018.12

30 社会資本整備審議会「水災害分野における気候変動適応策のあり方について」

31 国土交通省「国土交通省重点政策2016」2016p3

32 同上「国土交通白書2016」p66

33 東京建設コンサルタント「インフラマネジメント」

第3章

1 内閣府「第5期科学技術基本計画」2016.1.22

2 同上「Society5.0　新たな価値の事例」

3 World Economic Forum"Transforming Infrastructure: Frameworks for Bringing the Fourth Industrial Revolution to Infrastructure"2019.11

4 首相官邸「未来投資戦略2018」2018.6.15

5 みずほ情報総研、みずほ銀行「IoTの現状と展望」みずほ銀行産業調査部みずほ産業調査2015No3p6

6 富樫純一「IoTネットワークの高度化を促進する3大技術の最新動向」東京エレクトロン

7 Tom Davenport"The Analytics of Things"Deloitte Analytics2014.12.17

8 NTTデータ「NTTデータの橋梁モニタリングシステムBRIMOS」

9 石川裕治、宮崎早苗「橋の異常を瞬時にキャッチ—橋梁モニタリングシステムBRIMOSの開発」NTT技術ジャーナル2009.9

10 国土交通省「令和元年国土交通白書」2019

11 内閣官房「海外展開戦略」2018.7

12 福島慶ほか「重要インフラの安全・安心 センサとICTを融合させた漏水監視サービス」NEC技報2014.11

13 柏木亮二「金融領域での人工知能の活用」野村総合研究所金融ITナビゲーション推進部Financial Information Technology Focus2015.11pp12-13

14 国立研究開発法人土木研究所「AIを活用した道路橋メンテナンスの効率化に関する共同研究を開始します」2018.11.30

15 Thomas Hempel"Automating rail joint inspections with video analytics and AI"International Railway Journal2018.11.14

16 NEC「老朽化インフラに打ち手あり！限られた費用・人員での解決策とは」2020.6.3017 NEC、南紀白浜エアポート「ドライブレコーダーを活用した滑走路面の調査及び点検の効率化 に関する実証実験の実施について覚書を締結」2020.3.31

17 NEC、南紀白浜エアポート「ドライブレコーダーを活用した滑走路面の調査及び点検の効率化に関する実証実験の実施について覚書を締結」2020.3.31

18 Intel"Pipe Sleuth with Optimized Inference on Intel® Processors"2019

19 新エネルギー・産業技術総合開発機構、首都高技術、産業技術総合研究所、東北大学「コンクリートのひび割れ点検支援システムを開発・試験公開」2017.8.3、佐藤久、遠藤重紀、早坂洋平、皆川浩、久田真、永見武司、小林匠、増田健「デジタル画像からコンクリートひび割れを自動検出する技術の開発」NEDOインフラ維持管理技術シンポジウム2018.10.30

20 高田巡「社会インフラの保全を効率化する光学振動解析技術」NEC技報Vol.69 No.1 2016.9

21 首都高速道路、東急、伊豆急行、首都高技術「日本初の実用化！地理情報と点群技術を活用した鉄道保守管理システム「鉄道版インフラドクター」を伊豆急行線のトンネル検査に導入します」2020.6.4

22 国土交通省、経済産業省「次世代社会インフラ用ロボット開発・導入に向けた現場検証の評価結果について」2015.3.19

23 ジビル調査設計「橋梁診断ロボ」

24 国土交通省「道路トンネル点検記録作成支援ロボット技術に関する試験結果等を公表します」2020.6.30

25 朝日航洋「水中点検フロートロボット」

26 富士通「壁を這うドローンで、江島大橋の橋梁をメンテナンス」FUJITSU JOURNAL 2020.3.12

27 内閣府「戦略的イノベーション創造プログラム」

28 東北大学「球殻ドローンを用いた橋梁点検の実証実験を行いました」2017.5.19

29 横浜市記者発表資料「市会ジャーナル第 172 号」2017 年度 11 号

30 Katherine Davisson、Joseph Losavio"How sustainable infrastructure can aid the post-COVID recovery"The World Economic Forum2020.4.28

31 WPSP"Port of Brisbane"2019

32 沖電気工業「トンネル・橋梁の点検業務にクラウドサービスを活用」2019.6.13

33 株式会社シーズ「ブロックチェーンを用いた保守・点検保証記録」2020.9.15

34 関谷知孝、向井田明、平賀一博「地球観測衛星データを社会インフラとして利用定着させるための方策の調査検討」計測と制御第53巻第11号一般財団法人リモート・センシング技術センター2014.11

35 内閣府科学技術・イノベーション担当「AI技術の防災・減災への活用」

36 統合イノベーション戦略推進会議「AI戦略2019~ 人・産業・地域・政府全てにAI~」2019.6.11

37 内閣府政策統括官（科学技術・イノベーション担当）「令和2年7月豪雨における戦略的イノベーション創造プログラム (SIP)「国家レジリエンス（防災・減災）の強化」の研究開発技術活用実績について」2020.8.26

38 気象庁「現行衛星（ひまわり8号・9号）について」静止気象衛星に関する懇談会第1回資料2019.9.3

39 高田伸一「気象庁における機械学習の利用」気象庁予報部数値予報課、AITC成果発表会2016.9.16

40 日本気象協会「AI により 降雨予測の「時空間方向」へのダウンスケーリング手法を開発」2019.8.30

41 同上「ダムの事前放流判断支援サービスを運用開始」2020.7.3

42 中央防災会議防災対策実行会議「水害・土砂災害からの避難のあり方（報告）」2018.1243 国家レジリエンス研究推進センター「市町村災害対応統合システム開発：災害対応の最前線における迅速・合理的な意思決定に向けて」

43 国家レジリエンス研究推進センター「市町村災害対応統合システム開発：災害対応の最前線における迅速・合理的な意思決定に向けて」

44 内閣府政策統括官「AI避難勧告システムAIを活用して適時・的確な避難の促進を目指します」2020.3.19

45 John Dwyer III"Troop Support event poses question: How and where can blockchain help?" Defense Logistics Agency2018.12.21

46 Federal Emergency Management Agency (FEMA) National Advisory Council (NAC)"National Advisory Council DRAFT Report to the FEMA Administrator "p10.2019.11

47 Susan Galer"Blockchain to the Rescue: We Can Be Much Better at Weathering Natural Disasters"SAP News Center 2017.10.31

48 電緑「日本初のブロックチェーン技術による安否確認サービスのアプリをリリース」2017.8.23)、「ブロックチェーン技術による企業向け安否確認サービスgetherd officeのクローズドβ版を提供開始」2018.9.7

49 国家レジリエンス研究推進センター「避難・緊急活動支援統合システム」2020.5.29

50 大竹清敬「災害時におけるDISAANA、D-SUMMの活用」データ駆動知能システム研究センター2020.2.5

51 富士通「災害予測を迅速かつ正確に、防災を支援する災害ビッグデータ分析技術」FUJITSU JOURNAL 2015.5.29

52 国土交通省「小型無人機 ロードマップの個別分野への取組状況について」小型無人機に係る環境整備に向けた官民協議会（第9回）資料2018.9.27

53 足立区「ドローン・フロンティアと災害協定を締結」2019122

54 大和市「市長定例記者会見資料」2017.11.22

55 KDDI、KDDI総合研究所「災害対応向けドローン基地局を用いた携帯電話位置推定技術を開発」2019.3.1

56 株式会社ロックガレッジ「「あそこに人がいる！」株式会社ロックガレッジがAR/MRグラスを用いたレスキュードローンシステム実証試験を実施」2021.1.12

57 情報処理推進機構「クラウドコンピューティングの社会インフラとしての特性と緊急時対応における課題に関する調査―野村総合研究所」2012.9.11

58 津田裕大「スマレプ実証実験開始!千葉県館山市のボランティアセンターで導入」SAIGAI JOURNAL 2019.9.27

59 同上「BCM(事業継続マネジメント)の完全クラウド化を実現するプラットフォームResilirのβ版をリリースしました」SAIGAI JOURNAL2020.8.20

60 日本オラクル「テクノロジーで災害に立ち向かえ!本当に使える日本政府の防災情報基盤、実現の鍵は「データレイク」にあった」ITmedia NEWS2018.8.30

61 気象庁「気象業務はいま2018」2018.6、「新しいスーパーコンピュータの運用を開始します」2018.5.16

62 NEC「スーパーコンピュータ・シェアリングによる世界初のリアルタイム津波浸水被害推計システム」wisdom2017.5.25

63 田所諭「タフ・ロボティクス・チャレンジ」革新的研究開発推進プログラムImPACT64 国土交通省、経済産業省「次世代社会インフラ用ロボット開発・導入に向けた現場検証の評価結果について」2015.3.19

64 国土交通省、経済産業省「次世代社会インフラ用ロボット開発・導入に向けた現場検証の評価結果について」2015.3.19

65 浅間一「災害・事故対応に求められるロボット技術」まてりあ第51巻第4号2012

66 松野文俊「レスキューロボットの現状と課題」消防防災の科学No.133 2018夏季

67 奥川雅之、古金谷友彦、加古和広「Scott調査点検ロボット用マニピュレータの開発」愛知工業大学

68 国土交通省「次世代社会インフラ用ロボットについて 現場検証・評価の結果をお知らせします」2016.3.30

69 日本気象協会「日本気象協会、スマートフォンアプリ「tenki.jp Tokyo雨雲レーダー」を公開」2020.7.7

70　国土交通白書2017、2018

71　国土交通省「ビッグデータの活用等による地方路線バス事業の経営革新
　　支援調査報告書」2016.3

72　国土交通省「スマート・プランニング実践の手引き第二版」2018.9

73　同上「令和元年国土交通白書」2019、国土交通省都市局「スマートプラン
　　ニング実践の手引き第二版」2018.9

74　同上「スマートプランニング実践の手引き第二版」2018.9

75　同上「スマートプランニング実践の手引き第二版」2018.9

76　同上「CIM導入ガイドライン（案）」2020.3等

77　同上「新技術・データの活用に向けて」、「インフラ長寿命化とデータ利活
　　用に向けた取組」2018.11.2

78　同上「新技術・データの活用に向けて」、「インフラ長寿命化とデータ利活
　　用に向けた取組」2018

79　榎原洋、佐藤平太郎、江頭由佳「都市のデジタルツインの構想と可能性」
　　アクセンチュア2020.1.22

80　同上

81　National Research Foundation"Virtual Singapore"Government of
　　Singapore2018.11.782 国土交通省「国土交通データプラットフォーム
　　（仮称）整備計画」2019.5

82　国土交通省「国土交通データプラットフォーム（仮称）整備計画」2019.5

83　国土交通省大臣官房技術調査課「国土交通データプラットフォーム始
　　動」2020.4.2484 ダッソー・システムズ「大成建設がバーチャル都市のた
　　めにダッソー・システムズの3DEXPERIENCEプラットフォームを採
　　用」2019.11.11

84　ダッソー・システムズ「大成建設がバーチャル都市のために ダッソー・
　　システムズの3DEXPERIENCEプラットフォームを採用」2019.11.11

85　国土交通省「交通政策審議会気象分科会提言 :2030年の科学技術を見据
　　えた気象業務のあり方」2018.8.20

86 気象庁「気象分野における取組」第2回オープンデータワーキンググループ資料2017.2.16pp5-6、国土交通省「交通政策審議会気象分科会提言：2030年の科学技術を見据えた気象業務のあり方」2018.8.20

87 羽鳥光彦「民間気象業務の発展と民間気象業務支援センターによる情報提供業務の動向について」気象業務支援センター2015.10.13

88 G空間情報センター「G空間情報センターを活用したデータ提供業務の負担削減」

89 国土交通省「公共交通分野におけるオープンデータ推進に関する検討会中間整理」2016.12

第4章

1 内閣府「経済財政運営と改革の基本方針2020」2020.7.17

2 同上「PPP/PFI推進アクションプラン（令和2年改定版）」2020.7.17

3 内閣府民間資金等活用事業推進会議「PPP/PFI推進アクションプラン（平成29年改定版）について」2017.6.9

4 同上「PPP/PFI推進アクションプラン（令和2年改定版）について」2022.7.17

5 同上「PFIの現状について」2019.9

6 同上「PFIの事業方式と事業類型」

7 同上「PFI事業実施プロセスに関するガイドライン」2015.12.18施行pp3-4

8 同上「PFI事業におけるリスク分担等に関するガイドライン」2015.12.18施行

9 内閣府「公共施設等運営権及び公共施設等運営事業ガイドライン等の改正概要」2020.7.17

10 内閣府民間資金等活用事業推進室「VFM（Value For Money）に関するガイドライン」2015.12.18施行p2

11 同上p5

12 同上pp7-8

13 同上p3

14 同上

15　総務省自治財政局公営企業課「地方公営企業における民間的経営手法等の先進的取組事例集」2015.2

16　国土交通省「国土交通白書2016平成27年度年次報告」2016.7.14

17　内閣府民間資金等活用事業推進室「令和元年度のPFI事業数は過去最多！~PFI事業の実施状況をとりまとめ~」2020.9.23

18　国土交通省「国土交通白書2016平成27年度年次報告」2016.7.14

19　同上

20　国土交通省総合政策局官民連携政策課「多様な民間事業者の参入に向けて-公共施設等運営権制度の活用-」国土交通省2014.7p6

21　黒川地域行政事務組合「公立黒川病院改革プラン」2009.6

22　国土交通省「性能発注の考え方に基づく民間委託のためのガイドライン」2001.4

23　千葉県県土整備部都市整備局下水道課「千葉県流域下水道維持管理包括委託の事後評価」2019.3

24　高杉祥明、宮本和明、牧野史典、高木沙織「LABVを用いた都市再開発事業の効率性の検討」JSCE公益社団法人土木学会2014.4.25

25　総務省地域力創造グループ地域振興室「地方公共団体における公的不動産と民間活力の有効活用についての調査研究報告書」2015.3

26　国土交通省総合政策局「公的不動産の有効活用等による官民連携事業事例集」2014.7

27　山口フィナンシャルグループ、YMFG ZONEプラニング「山陽小野田市のまちづくりPPP事業に関する調査の取組みについて」2019.7.26

28　浪越祐介「不動産証券化手法による公的不動産（PRE）の活用」国土交通省土地・建設産業局2020.2.12

29　都市のリノベーションのための公的不動産活用検討委員会「まちづくりのための公的不動産（PRE）有効活用ガイドライン」国土交通省都市局都市計画課2014.4p2

30 国土交通省土地・建設産業局不動産市場整備課、不動産投資市場整備室「不動産証券化手法等による公的不動産（PRE）の活用と官民連携」日本銀行金融機構局金融高度化センター主催PPP・PFIに関する地域ワークショップ（那覇）2016.4.26

31 国土交通省土地・建設産業局「不動産証券化手法を用いたPRE民間活用のガイドライン」2018.3

32 国土交通省「不動産の証券化に関する基礎知識」2015.3

33 国土交通省「不動産証券化手法を用いたPRE民間活用のガイドライン」、「公的不動産（PRE）の民間活用の手引き」2017.4.26

34 前出30

35 前出30

36 前出28

37 前出30

38 東京都会計管理局資料

39 東京証券取引所「東証公式Jリートガイドブック」2020.8

40 東京証券取引所上場推進部「内国インフラファンド（投資証券）上場の手引き」pp6-7

41 東京証券取引所「インフラファンド：投資リスク」

42 東京証券取引所「東証指数算出要領」2020.6.30

・NEDO「インフラ維持管理・更新等の社会課題対応システム開発プロジェクト」2014年度

・インフラ再生研究会著、日経コンストラクション編「荒廃する日本これでいいのかジャパン・インフラ」日経BP2019.11.25

・インフラ老朽化対策の推進に関する関係省庁連絡会議「インフラ長寿命化基本計画」2013.11

・グリーンインフラ研究会、三菱UFJリサーチ＆コンサルティング 他「実践版！グリーンインフラ」日経BP2020.7.16

・池永朝昭、森下国彦、樋口航「インフラファンド市場の概要とポイント」アンダーソン・毛利・友常法律事務所2015.6

・石川幹子「グリーンインフラ」中央大学出版部2020.7.30

・井上陽介「AIによるインフラの維持管理」Best Value extra 2019 SPRING

・建設コンサルタント協会PFI専門委員会「建設コンサルタントにおけるPFI事業のQ&A」2003.6

・国土交通省「交通政策審議会気象分科会提言：2030年の科学技術を見据えた気象業務のあり方」2018.8.20

・同上「国土交通行政の基本的考え方」2016

・同上「社会資本の老朽化の現状と将来」2016

・同上「新技術・データを活用したインフラ維持管理の効率化とその横展開について」2018.5.10

・国土交通省総合政策局官民連携政策課「多様な民間事業者の参入に向けて－公共施設等運営権制度の活用－」2014.7

・国土交通省土地・建設産業局、環境省総合環境政策局地球環境局「耐震・環境不動産形成促進事業について」2013.6

・国土交通省土地・建設産業局不動産市場整備課、不動産投資市場整備室「不動産証券化手法等による公的不動産（PRE）の活用と官民連携」日本銀行金融機構局金融高度化センター主催PPP・PFIに関する地域ワークショップ（那覇）2016.4.26

・佐藤正謙、岡谷茂樹 、村上祐亮、福島隆則「インフラ投資PPP/PFI/コン

セッションの制度と契約・実務」日経BP2019.9.20

・東京証券取引所上場インフラ市場研究会「上場インフラ市場研究会報告書」
　日本取引所グループ2013.5

・東山遼「国土交通省における次世代社会インフラ用ロボット技術に関する
　取り組み」国土交通省建マネ2018.11

・内閣府「不動産・インフラ投資市場活性化方策に関する有識者会議報告書」
　2012.12

・内閣府民間資金等活用事業推進室「PFI事業におけるリスク分担等に関する
　ガイドライン」2015.12.18

・同上「PFI事業実施プロセスに関するガイドライン」2015.12.18

・同上「VFM（Value For Money）に関するガイドライン」2015.12.18

・新田恭士「次世代社会インフラ用ロボットの実用化に向けた今後の取組み‐
　インフラ点検ロボット・AIに関する日米の動向調査報告会」国土交通省
　2018.3.19

・日本水道協会「平成26年度国際研修『イギリス水道事業研修』研修報告」
　2014

・年金シニアプラン総合研究機構「インフラ投資に関する調査研究報告書」
　2013.3

・野村総合研究所「クラウドコンピューティングの社会インフラとしての特
　性と緊急時対応における課題に関する調査概要報告書」2012.9.1

・福島隆則、小塚真弓「公共インフラファイナンスの新潮流」BusinessTrend
　みずほ証券2013.3

・藤井聡「インフラ・イノベーション　強くて豊かな国をつくる日本再生プロ
　ジェクト」扶桑社2019.4.27

・みずほ情報総研「平成28年度IoT推進のための新産業モデル創出基盤報告
　書」
　整備事業」2017.3

・山崎エリナ「日本列島365日、道路はこうして守られている」グッドブック
　ス2019.4.7

- Barbara Weber , Mirjam Staub-Bisang , Hans Wilhelm Alfen "Infrastructure as an Asset Class: Investment Strategy, Sustainability, Project Finance and PPP" Wiley2016.5.19
- Bloetscher, Frederick "Public Infrastructure Management: Tracking Assets and Increasing System Resiliency"J Ross Pub 2019.10.22
- Danielle Sinnett, Nick Smith"Handbook on Green Infrastructure: Planning, Design and Implementation"Edward Elgar Pub 2016.1.31
- Eduardo Engel , Ronald D. Fischer ,and Alexander Galetovic "The Economics of Public-Private Partnerships" Cambridge University Press2014
- E. R. Yescombe" Public-Private Partnerships: Principles of Policy and Finance" Butterworth-Heinemann2011
- Henry A.Davis" Infrastructure Finance: Trends and Techniques" Euromoney Institutional Investor2008
- Henry Petroski "The Road Taken: The History and Future of America's Infrastructure"Bloomsbury USA2016
- Ibrahim El Dimeery, Moustafa Baraka "Design and Construction of Smart Cities: Toward Sustainable Community" Springer; 1st ed. 2021.1.23
- Jeffrey Delmon "Public-Private Partnership Projects in Infrastructure: An Essential Guide for Policy Makers" Cambridge University Press2017.10.12
- Mark A. Benedict, Edward T. McMahon "Green Infrastructure: Linking Landscapes and Communities "Island Press2012.9.26
- Masami Sato , Paul Dunn" Legacy: The Sustainable Development Goals in Action" Independently published 2019.6.30
- Michael D. Underhill" The Handbook of Infrastructure Investing" Wiley2010
- Neil S. Grigg "Infrastructure Finance: The Business of Infrastructure for a Sustainable Future" Wiley2010
- Stephen Graham "Infrastructural Lives"Routledge2014.10.13
- Thibaut Mourg ues "Public-Private Partnerships: the road to Sustainable Development Goals?" Independently published 2020.6.18

· United Nations Publications" The Sustainable Development Goals" United Nations Pubns 2018.12.4
· Vicki Elmer and Adam Leigland "Infrastructure Planning and Finance: A Smart and Sustainable Guide" Alvin Goodman　Routledge2013.10.25

▶ 著者プロフィール ···

可児 滋（かに しげる）

岐阜県出身

ＣＦＡ協会認定証券アナリスト
日本証券アナリスト協会認定アナリスト（ＣＭＡ）
国際公認投資アナリスト（ＣＩＩＡ）
ＣＦＰ®（CERTIFIED FINANCIAL PLANNER）
1級ファイナンシャル・プランニング技能士
日本金融学会会員
日本ファイナンス学会会員

著書
・チャレンジャーバンクの挑戦 2020/10/19 日本橋出版
・究極のオープンイノベーション ビジネスエコシステム 2020/1/14 日本橋出版
・デリバティブの落とし穴 2004/5/24 日本経済新聞出版社
・デリバティブがわかる（共著）2012/6/16 日本経済新聞出版社
・先物市場から未来を読む（Leo Melamed著、翻訳）2010/11/23 日本経済新聞出版社
・フィンテック大全 2017/7/11 金融財政事情研究会
・実践 オルタナティブ投資戦略 2016/8/12 日本評論社
・金融技術100の疑問 2010/8/1 時事通信社
・英和和英 デリバティブ・証券化用語辞典 2009/3/1 中央経済社
・環境と金融ビジネス 2011/1/1 銀行研修社
等

ポストコロナのインフラ DX 戦略

2021年5月13日　第1刷発行

著　者　可児 滋
発行者　日本橋出版
　　　　〒103-0023　東京都中央区日本橋本町 2-3-15
　　　　　　　　　　　　　　共同ビル新本町 5 階

　　　　電話 03(6273)2638
　　　　https://nihonbashi-pub.co.jp/
発売元　星雲社（共同出版社・流通責任出版社）
　　　　〒112-0005　東京都文京区水道 1-3-30
Ⓒ Shigeru Kani Printed in Japan
ISBN978-4-434-28916-3　C0033